高等职业院校互联网+新形态创新系列教材·计算机系列

Java 程序设计基础
(微课版)

唐永平　唐中剑　主 编

严丽丽　管胜波　曾庆毅　韦 霞　副主编

清华大学出版社
北 京

内 容 简 介

Java 语言是一种分布式的面向对象语言，学好 Java 是成为一名优秀软件工程师的必经之路。

本书由课程导入和 11 个单元组成。内容包括本课程学习方法、搭建环境并构建语法基础、Java 程序结构、Java 类与对象、继承/多态/接口、数组与异常处理程序设计、静态界面布局与设计、事件处理及界面设计、文件管理、线程与动画、网络功能实现、操作数据等内容。

本书不仅适合软件技术专业，而且适合计算机类相关专业的教学，以及对编程有兴趣的爱好者自学。

图书在版编目(CIP)数据

Java 程序设计基础：微课版/唐永平，唐中剑主编. —北京：清华大学出版社，2021.9
高等职业院校互联网+新形态创新系列教材. 计算机系列
ISBN 978-7-302-59145-0

Ⅰ. ①J… Ⅱ. ①唐… ②唐… Ⅲ. ①JAVA 语言—程序设计—高等职业教育—教材 Ⅳ. ①TP312.8

中国版本图书馆 CIP 数据核字(2021)第 182827 号

责任编辑：章忆文　刘秀青
封面设计：杨玉兰
责任校对：周剑云
责任印制：杨　艳

出版发行：清华大学出版社
　　　　　网　　　址：http://www.tup.com.cn, http://www.wqbook.com
　　　　　地　　　址：北京清华大学学研大厦 A 座　　　邮　　编：100084
　　　　　社 总 机：010-62770175　　　　　邮　　购：010-62786544
　　　　　投稿与读者服务：010-62776969, c-service@tup.tsinghua.edu.cn
　　　　　质量反馈：010-62772015, zhiliang@tup.tsinghua.edu.cn
　　　　　课件下载：http://www.tup.com.cn, 010-62791865
印 刷 者：北京富博印刷有限公司
装 订 者：北京市密云县京文制本装订厂
经　　销：全国新华书店
开　　本：185mm×260mm　　印　张：16.5　　　字　数：401 千字
版　　次：2021 年 9 月第 1 版　　印　次：2021 年 9 月第 1 次印刷
定　　价：49.00 元

产品编号：092646-01

前　言

据官方数据统计，在全球编程语言工程师的数量上，Java 编程语言以 1000 万的程序员数量位居首位。而且很多软件的开发都离不开 Java 编程，因此其程序员的数量最多。

Java 是近 10 年来计算机软件发展过程中的传奇，其在众多开发者心中的地位可谓"爱不释手"，与其他一些计算机语言随着时间的流逝影响逐渐减弱不同，Java 随着时间的推移反而变得更加强大。

从首次发布开始，Java 就跃居 Internet 编程的前沿。后续的每一个版本都进一步巩固了这一地位。如今，Java 依然是开发基于 Web 应用程序的最佳选择。此外，Java 还是智能手机变革的推手，Android 编程采用的就是 Java 语言。

Java 语言是一种分布式的面向对象语言，具有面向对象、平台无关性、简单性、解释执行、多线程、安全性等很多特点。Java 的面向对象设计思想几乎被所有编程语言所学习。如今很多的流行技术如 Android 技术等都和 Java 有着直接的联系，学好 Java 可以说是成为一名优秀软件开发工程师的必经之路。

计算机程序设计语言教学一直存在着知识和技术两方面的协调问题，模块化教学处理，任务驱动的教学方法，是现在计算机程序设计语言中最有效的方法之一。本教材通过行之有效的单元划分和任务的选取，使学习者对知识的掌握和技术的应用有效地融为一体。本书精心设计了与教学目标结合紧密、适于学生学和教师教的案例，将知识讲解融入任务之中，并能很好地指导学生实践，有利于学习者理解和巩固知识，在完成任务的实践中培养技术应用能力。

本书从 Java 技术的发展和学生认知规律出发，将教学内容分为 11 个单元，29 个典型任务，任务中又包含多个实例。本书采用实际生活中大家所熟悉的实例来导入知识讲解，从而使概念更加生动且人性化，更容易理解，进而对概念的运用也更加得心应手。

本课程建议授课学时为 50，项目训练学时为 30。主要内容如下：

◎　课程导入，全面介绍了本课程的基本情况、结构以及学习和考核方法；

◎　单元 1　搭建环境并构建语法基础，主要讲解 Java 的历史，搭建 Java 集成开发环境，Eclipse 的基本使用方法，Eclipse 创建 Java 程序的步骤以及标识符，关键字和保留字、注释方法、数据类型等基础语法知识；

◎　单元 2　Java 程序结构，这一单元模块解决程序常用结构问题包括：顺序结构、选择结构、分支结构、循环结构，涵盖程序语言的基本逻辑结构范式；

◎　单元 3　Java 类与对象，这一单元模块是理解面向对象程序设计思想的重要内容之一，讲解类、对象等概念与用法；

◎　单元 4　继承、多态与接口，这一单元模块是上一单元的延续，也是理解面向对象程序设计思想的重要内容之一，主要讲解什么是封装、继承、多态、抽象类和接口等；

◎　单元 5　数组与异常处理程序设计，主要讲解数组和字符串的应用、异常处理机制和自定义异常设计等；

◎　单元 6　静态界面布局与设计，这部分是通过学习 Swing 组件来实现 GUI 设计，主要讲解 Swing 组件的应用及软件静态界面设计等；

◎ 单元 7　事件处理及界面设计，主要讲解交互式图形用户界面程序设计，主要涉及事件及对应窗口设计；

◎ 单元 8　高级程序设计——文件管理，主要讲解文件处理技术。

◎ 单元 9　高级程序设计——线程与动画，主要讲解流处理、多线程技术、Socket 接口技术等 Java 高级应用设计。

◎ 单元 10　高级程序设计——网络功能实现，主要讲解网络编程技术等 Java 高级应用设计。

◎ 单元 11　高级程序设计——操作数据库，这部分主要涉及 Java 的一类重要应用，即数据库连接与操作，另外，使用一个企业真实项目来讲解一个项目的设计和编码过程，同时对 Java 知识点进行复习和应用。

本教材有以下特点。

(1) 打破原有的"大而全"系统体系，以任务驱动知识点讲解。教材在吸取其他教材编写经验的基础上，使用任务驱动的形式来完成内容的组织。全书共分 29 个任务，通过对任务的演示和分析，每个任务都按照"任务目标→任务描述→知识准备→实践操作→知识拓展→巩固训练"过程进行组织，让学生系统地了解这节课要解决的问题和可以产生的效果，这也就解决了很多教材中只讲知识点但不讲知识点应用的问题。另外，为开阔学生思路，增加"知识拓展"，增加了知识的理解和技术应用的经验。

(2) 加强实践教学环节，突出"做中教，做中学"的职业教育特色。改变以往把 Java 作为基础课从而使用理论逻辑关系平铺直叙的呈现形式，而采用"演示与思考""边讲边做""讨论与交流""实践操作"等学生能够参与的活动形式。"边讲边做""讨论与交流""实践操作"是在教师引导下，使学生通过动手实训、讨论和自主学习等活动掌握基础知识和基本技能。与此同时，安排"巩固训练"加强了技能操作的熟练度，并结合具体内容对实践应用进行指导，渗透方法能力和职业道德等的培养，对重点、难点加以提示等。

(3) 概念清晰，内容浅显易懂，图表丰富直观，使学生在学习中容易理解。例如在讲解多态内容时，使用了内存的示例图，从而理解起来更加直观。同时在对多态的概念描述时先进行了非正式的概念描述，使学生先有了简单容易的理解，然后再给出正规定义。

本教材不仅适合软件技术专业，而且适合计算机类相关专业的教学，以及对编程有兴趣的编程爱好者自学。

本教材由唐永平、唐中剑担任主编，负责教材总体设计及统稿。海南软件学院严丽丽、湖北国土资源职业学院管胜波、梧州职业学院韦霞、梧州职业学院曾庆毅担任副主编；梧州职业学院的彭子真、周毓、陈坤铃、许淮钦、李卓运、庞清梅，广西厚溥教育科技有限公司的韦世雄、程根钊参与了本书的编写工作或相关资料的收集工作，以及课程配套教学资源的开发工作。在教材的编写过程中，锐捷网络股份有限公司、广西厚溥教育科技有限公司、山东师创软件工程有限公司、东忠集团、NEC 软件(济南)有限公司对本书提供了宝贵资源以及大力支持，企业员工参与教材编写，在此表示感谢。

由于作者的水平有限，错误之处在所难免，恳请各位读者给予指正。

编　者

目　　录

课程导入

据官方数据统计，在全球编程语言工程师的数量上，Java 编程语言以 1000 万的程序员数量位居首位。而且很多软件的开发都离不开 Java 编程，因此其程序员的数量最多。

Java 是近 10 年来计算机软件发展过程中的传奇，其在众多开发者心中的地位可谓"爱不释手"，与其他一些计算机语言随着时间的流逝影响也逐渐减弱不同，Java 随着时间的推移反而变得更加强大。

从首次发布开始，Java 就跃居 Internet 编程的前沿。后续的每一个版本都进一步巩固了这一地位。如今，Java 依然是开发基于 Web 应用程序的最佳选择。此外，Java 还是智能手机变革的推手，Android 编程采用的就是 Java 语言。

0.1　什么是 Java 语言

简单地说，Java 是由 Sun Microsystems 公司于 1995 年推出的一门面向对象程序设计语言。2010 年 Oracle 公司收购 Sun Microsystems，之后由 Oracle 公司负责 Java 的维护和版本升级。

其实，Java 还是一个平台。Java 平台由 Java 虚拟机(Java Virtual Machine，JVM)和 Java 应用编程接口(Application Programming Interface，API)构成。Java 应用编程接口为此提供了一个独立于操作系统的标准接口，可分为基本部分和扩展部分。在硬件或操作系统平台上安装一个 Java 平台之后，Java 应用程序即可运行。

Java 平台已经嵌入了几乎所有的操作系统。这样 Java 程序只编译一次，就可以在各种系统中运行。Java 应用编程接口已经从 1.1x 版本发展到 1.2 版本。常用的 Java 平台基于 Java 1.6，最新版本为 Java 1.8。

Java 发展至今，一直力图使之无所不能。在近年来的世界编程语言排行榜中，Java 一直稳居第一名，比第二名的 C 语言高出几个百分点(见表 0-1-1)。

表 0-1-1　世界编程语言排行榜

Jan 2019	Jan 2018	Change	Programming Language	Ratings	Change
1	1		Java	16.904%	+2.69%
2	2		C	13.337%	+2.30%
3	4	^	Python	8.294%	+3.62%
4	3	v	C++	8.158%	+2.55%
5	7	^	Visual Basic .NET	6.459%	+3.20%
6	6		JavaScript	3.302%	-0.16%
7	5	v	C#	3.284%	-0.47%
8	9	^	PHP	2.680%	+0.15%
9	-	^	SQL	2.277%	+2.28%
10	16	^	Objective-C	1.781%	-0.08%

按应用范围，Java 可分为 3 个体系，即 Java SE、Java EE 和 Java ME。下面简单介绍这 3 个体系。

1. Java SE

Java SE(Java Platform Standard Edition，Java 平台标准版)以前称为 J2SE，它允许开发

和部署在桌面、服务器、嵌入式环境以及实时环境中使用的 Java 应用程序。Java SE 包含了支持 Java Web 服务开发的类，并为 Java EE 提供基础，如 Java 语言基础、JDBC 操作、I/O 操作、网络通信以及多线程等技术。图 0-1-1 所示为 Java SE 的体系结构。

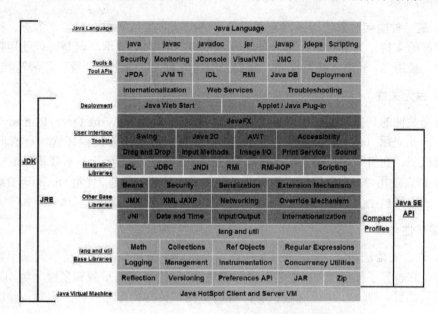

图 0-1-1　Java SE 的体系结构

2. Java EE

Java EE(Java Platform Enterprise Edition，Java 平台企业版)以前称为 J2EE。企业版本帮助开发和部署可移植、健壮、可伸缩且安全的服务器端 Java 应用程序。Java EE 是在 Java SE 基础上构建的，它提供 Web 服务、组件模型、管理和通信 API，可以用来实现企业级的面向服务体系结构(Service Oriented Architecture，SOA)和 Web 2.0 应用程序。

3. Java ME

Java ME(Java Platform Micro Edition，Java 平台微型版)以前称为 J2ME，也叫 K-JAVA。Java ME 为在移动设备和嵌入式设备(比如手机、PDA、电视机顶盒和打印机)上运行的应用程序提供一个健壮且灵活的环境。

Java ME 包括灵活的用户界面、健壮的安全模型、丰富的内置网络协议以及可以动态下载的联网和离线应用程序。基于 Java ME 规范的应用程序，只需编写一次就可以用于许多设备，而且可以利用每个设备的本机功能。

0.2　Java 语言的特点

Java 语言的风格很像 C 语言和 C++ 语言，是一种纯粹的面向对象语言，它继承了 C++ 语言面向对象的技术核心，但是抛弃了 C++ 的一些缺点，比如说容易引起错误的指针以及多继承等，同时也增加了垃圾回收机制，释放掉不被使用的内存空间，解决了管理内存空间的烦恼。

Java 语言是一种分布式的面向对象语言，具有面向对象、平台无关性、简单性、解释执行、多线程、安全性等很多特点，下面针对这些特点进行逐一介绍。

1. 面向对象

Java 是一种面向对象的语言，它对对象中的类、对象、继承、封装、多态、接口、包等均有很好的支持。为了简单起见，Java 只支持类之间的单继承，但是可以使用接口来实现多继承。使用 Java 语言开发程序，需要采用面向对象的思想设计程序和编写代码。

2. 平台无关性

平台无关性的具体表现在于，Java 是"一次编写，到处运行(Write Once，Run any Where)"的语言，因此采用 Java 语言编写的程序具有很好的可移植性，而保证这一点的正是 Java 的虚拟机机制。在引入虚拟机之后，Java 语言在不同的平台上运行不需要重新编译。

Java 语言使用 Java 虚拟机机制屏蔽了具体平台的相关信息，使得 Java 语言编译的程序只需生成虚拟机上的目标代码，就可以在多种平台上不加修改地运行。

3. 简单性

Java 语言的语法与 C 语言和 C++ 语言很相近，使得很多程序员学起来很容易。对 Java 来说，它舍弃了很多 C++ 中难以理解的特性，如操作符的重载和多继承等，而且 Java 语言不使用指针，加入了垃圾回收机制，解决了程序员需要管理内存的问题，使编程变得更加简单。

4. 解释执行

Java 程序在 Java 平台运行时会被编译成字节码文件，然后可以在有 Java 环境的操作系统上运行。在运行文件时，Java 的解释器对这些字节码进行解释执行，执行过程中需要加入的类在连接阶段被载入到运行环境中。

5. 多线程

Java 语言是多线程的，这也是 Java 语言的一大特性，它必须由 Thread 类和它的子类来创建。Java 支持多个线程同时执行，并提供多线程之间的同步机制。任何一个线程都有自己的 run()方法，要执行的方法就写在 run()方法体内。

6. 分布式

Java 语言支持 Internet 应用的开发，在 Java 的基本应用编程接口中就有一个网络应用编程接口，它提供了网络应用编程的类库，包括 URL、URLConnection、Socket 等。Java 的 RIM 机制也是开发分布式应用的重要手段。

7. 健壮性

Java 的强类型机制、异常处理、垃圾回收机制等都是 Java 健壮性的重要保证。对指针的丢弃是 Java 的一大进步。另外，Java 的异常机制也是健壮性的一大体现。

8. 高性能

Java 的高性能主要是相对其他高级脚本语言来说的，随着 JIT(Just in Time)的发展，Java 的运行速度也越来越高。

9. 安全性

Java 通常被用在网络环境中，为此，Java 提供了一个安全机制以防止恶意代码的攻击。除了 Java 语言具有的许多安全特性以外，Java 还对通过网络下载的类增加一个安全防范机制，即分配不同的名字空间以防替代本地的同名类，并包含安全管理机制。

Java 语言的这些特性使其在众多的编程语言中占有较大的市场份额，Java 语言对对象的支持和强大的 API 使得编程工作变得更加容易和快捷，大大降低了程序开发的成本。Java 的"一次编写，到处执行"正是吸引众多商家和编程人员的一大优势。

0.3 如何学习本课程

万事开头难，打下基础很关键。本书将带你顺利地打开 Java 软件开发的大门。

在本课程的学习中有如下重点内容的学习。

(1) 基础语法，可帮助你建立基本的编程逻辑思维。

(2) 面向对象，以对象方式去编写优美的 Java 程序。

(3) 集合，后期开发中存储数据必备技术。

(4) 输入与输出(IO)，对磁盘文件进行读取和写入基础操作。

(5) 多线程与并发，提高程序效率。

(6) 异常处理，编写代码逻辑更加健全。

(7) 网络编程，应用服务器学习基础，完成数据的远程传输。

学完本阶段的课程，你可以完成一些简单的管理系统、小型游戏、QQ 通信等程序的开发。

Java 学习就像寻宝，需要你自己探索，还好，你的前方一片光明。大多数大公司都在以某种方式使用着 Java：从电子商务网站到安卓(Android)手机的应用程序，从科学应用程序到金融应用程序(如电子交易系统)等，在现实世界中有许多地方使用 Java。学习路径如图 0-3-1 所示。

图 0-3-1　Java 基础学习路径示意

还等什么？一起进入精彩的寻宝旅程吧！

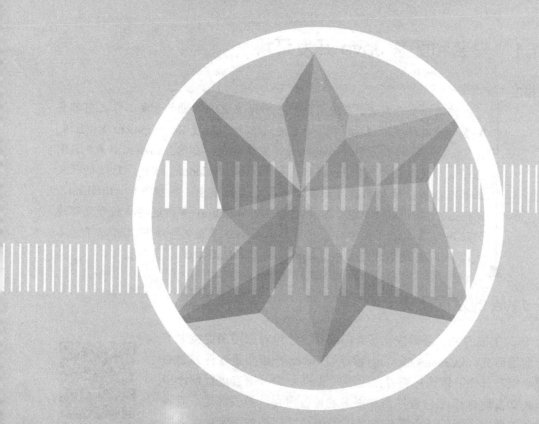

单元 1

搭建环境并构建语法基础

学习目标 👉

1. 了解 Java 的历史
2. 掌握搭建 Java 集成开发环境
3. 掌握 Eclipse 的基本使用方法。
4. 掌握 Java 的程序结构
5. 掌握使用 Eclipse 创建 Java 程序的步骤

6. 掌握 Java 的标识符、关键字和保留字
7. 掌握 Java 的注释方法
8. 掌握 Java 的数据类型
9. 掌握 Java 的数据转换
10. 掌握 Java 的常量和变量
11. 掌握 Java 的运算符和表达式

任务 1.1　安装和配置 Java 开发环境

任务描述

作为一个开发者，在使用任何一种语言或工具进行开发工作之前都要配置好开发环境，Java 程序开发也不例外。Java Development Kit(JDK)是 Sun 公司针对 Java 程序员的软件开发工具包。自从 Java 推出以来，JDK已经成为使用最广泛的 Java SDK(Software Development Kit)。Java 的开发工具有很多，最简单的有记事本与控制台的组合，另外还有 UltraEdit，JCreator、Netbeans IDE、Jav、JBuilder 和 Eclipse 等。这些集成开发环境的使用方法类似，在学习过程中只需要熟练掌握其中一种就可以了。本文以 Eclipse 为例介绍集成开发环境的基本使用方法。

1.1.1　Java 的发展历史

1991 年，美国的 Sun 公司成立了专门的研究小组对家用消费类电子设备进行前沿研究，以 James Gosling 领导的 Green 小组负责软件方面的研究。该小组在开始阶段选择当时已经很成熟的 C/C++语言进行设计和开发，但是却发现执行 C++程序需要很多的设备内存，最关键是不能满足不同设备的兼容，所以该小组在吸收 C/C++语言优势的基础上，自主创新了一种新的语言。因公司门前有一棵橡树，故起名为 Oak(橡树)，这就是 Java 语言的前身。

Java 程序设计基础

但是这个科研小组的成果最终没有转变成 Sun 公司的产品，也没有为 Sun 公司带来什么收益，像很多企业的科研项目一样，Oak 面临夭折的危险。在 1995 年，随着互联网的出现和迅速发展，急需一种语言可以运行在互联网的各个客户端中，而这门语言必须可以在不同的计算机设备、不同的操作系统上得到运行，同时 Mark Ardreesen 开发的 Mosaic 和 Netscape 启发了 Oak 项目组成员，他们用 Oak 编制了 HotJava 浏览器，并得到了 Sun 公司首席执行官 Scott McNealy 的支持，开启了 Oak 进军 Internet 的步伐。但由于 Oak 名字版权问题，Sun 公司不得不对这门语言重新命名。在气氛融洽的命名会议中大家各抒己见，有人提出以杯中的爪哇岛咖啡命名，并得到大家认可，于是 Oak 语言正式改名为 Java，图标也设计为冒着热气的咖啡。

随着互联网的发展，以及 Java 语言和浏览器的融合，产生了一种称作 Applet 技术，当然，现在该技术已经被 Flash 击败。但是，此项技术使 Sun 公司的该研发小组获得了新生。

以下是 Java 语言发展历史大事记。

1995 年 3 月，Sun 公司正式向外界发布 Java 语言，Java 语言正式诞生。

1996 年 1 月，JDK 1.0 发布。

1997 年 2 月，JDK 1.1 发布。

1998 年 12 月，JDK 1.2 发布，这是 Java 语言的里程碑，Java 也被首次划分为 J2SE J2EE J2ME 三个开发技术。不久 Sun 公司将 Java 改称 Java 2，Java 语言也开始被国内开发者学习和使用。

2000 年 5 月，JDK 1.3 发布。

2002 年 2 月，JDK 1.4 发布。

2004 年 10 月，JDK 1.5 发布，同时 Sun 公司将 JDK 1.5 改名为 J2SE 5.0。

2006 年 6 月，JDK 1.6 发布，也称 Java SE 6.0，同时 Java 的各版本去掉 2 的称号，J2EE 改称 Java EE，J2SE 改称 Java SE，J2ME 改称 Java ME。

1.1.2 Java 的特点及优势

Java 是一种优秀的编程语言，它最大的优点就是平台无关性，在 Windows 系列、Linux、Solaris、Mac OS 等平台上，都可以使用相同的代码，从而实现"一次编写，到处运行"的特点。除此之外，它还具有以下特性：平台无关性、面向对象、可靠性和安全性、多线程等。

1. 平台无关性

Java 的平台无关性是指用 Java 编写的应用程序不用修改就可在不同的软硬件平台上运行。平台无关有两种：源代码级和目标代码级。C 和 C++具有一定程度的源代码级平台无关，表明用 C 或 C++写的应用程序不用修改只需重新编译就可以在不同平台上运行。Java 主要靠 Java 虚拟机(JVM)在目标代码级实现平台无关性。

2. 面向对象

面向对象是软件工程学的一次革命，大大提升了人类的软件开发能力，是一个伟大的进步，是软件发展的一个重大里程碑。

在过去的 30 年间，面向对象有了长足的发展，充分体现了其自身的价值，到现在已经形成了一个包含了"面向对象的系统分析""面向对象的系统设计""面向对象的程序设计"的完整体系。所以作为一种现代编程语言，是不能偏离这一方向的，Java 语言也不例外。

3. 可靠性和安全性

Java 最初设计目的是应用于电子类消费产品，因此要求较高的可靠性。Java 虽然源于 C++，但它消除了许多 C++不可靠因素，可以防止许多编程错误。由于 Java 主要用于网络应用程序开发，因此对安全性有较高的要求。如果没有安全保证，用户从网络下载程序执行就非常危险。Java 通过自己的安全机制防止了病毒程序的产生和下载程序对本地系统的威胁破坏。

4. 多线程

Java 在两方面支持多线程。一方面，Java 环境本身就是多线程的，若干个系统线程运行负责必要的无用单元回收以及系统维护等系统级操作；另一方面，Java 语言内置多线程控制，可以大大简化多线程应用程序开发。

1.1.3 Java 的运行机制

Java 程序的运行必须经过编写、编译、运行 3 个步骤。编写是指在 Java 开发环境中进行程序代码的输入，最终形成后缀名为.java 的 Java 源文件。编译是指使用 Java 编译器对源文件进行错误排查的过程，编译后将生成后缀名为.class 的字节码文件，这不像 C 语言那样最终生成可执行文件。运行是指使用 Java 解释器将字节码文件翻译成机器代码，执行并显示结果。运行过程如图 1-1-1 所示。

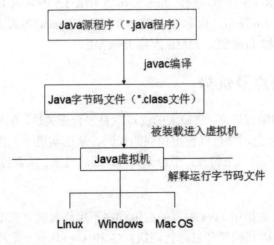

图 1-1-1　Java 程序运行机制

Java 虚拟机(JVM)是 Java 平台无关的基础，在 JVM 上有一个 Java 解释器用来解释 Java 编译器编译后的程序。Java 编程人员在编写完软件后，通过 Java 编译器将 Java 源程序编译为 JVM 的字节代码。任何一台机器只要配备了 Java 解释器，就可以运行这个程序，而不管这种字节码是在何种平台上生成的。另外，Java 采用的是基于 IEEE 标准的数据类型。通过 JVM 保证数据类型的一致性，也确保了 Java 的平台无关性。

字节码文件是一种和任何具体机器环境及操作系统环境无关的中间代码，它是一种二进制文件，是 Java 源文件由 Java 编译器编译后生成的目标代码文件。编程人员和计算机都无法直接读懂字节码文件，它必须由专用的 Java 解释器来解释执行。

Java 解释器负责将字节码文件翻译成具体硬件环境和操作系统平台下的机器代码，以便执行。因此 Java 程序不能直接运行在现有的操作系统平台上，它必须运行在被称为 Java 虚拟机的软件平台之上。

在运行 Java 程序时，首先会启动 JVM，然后由它来负责解释执行 Java 的字节码，并且 Java 字节码只能运行于 JVM 之上。这样利用 JVM 就可以把 Java 字节码程序和具体的硬件平台以及操作系统环境分隔开来，只要在不同的计算机上安装了针对特定具体平台的 JVM，Java 程序就可以运行，而不用考虑当前具体的硬件平台及操作系统环境，也不用考虑字节码文件是在何种平台上生成的。JVM 把这种不同软硬件平台的具体差别隐藏起来，从而实现了真正的二进制代码级的跨平台移植。JVM 是 Java 平台无关的基础，Java 的跨平台特性正是通过在 JVM 中运行 Java 程序实现的。

1.1.4　Java 的 JDK

JDK(Java Development Kit，Java 开发者工具箱)是 Sun 公司免费提供给全世界 Java 程序员的 Java 开发工具。JDK 是命令行式的，它主要包括以下几个常用工具。

(1) javac.exe：Java 程序编译器，能将源代码编译成字节码，以 class 为扩展名存入 Java 工作目录中。执行命令格式如下：

```
java [选项] 文件名
```

(2) java.exe：Java 解释器，执行字节码程序。该程序是类名所指的类，必须是一个完整定义的名字，必须包括该类所在包的包名，而类名和包名之间的分隔符是 "."。执行命令格式如下：

```
java [选项] 类名 [程序参数]
```

(3) javadoc.exe：Java 文档生成器，对 Java 源文件和包以 HTML 格式产生文档。

(4) javap.exe：Java 类分解器，对.class 文件提供字节码的反汇编，并打印。默认时，打印类的公共域、方法、构造方法和静态初值。执行命令格式如下：

```
Javap [选项] 类名
```

(5) jdb.exe：Java 调试器，如编译器返回程序代码错误，它可以对程序进行调试，是解释器的拷贝、类调试器。执行命令格式如下：

```
jdb [解释器选项] 类名
```

(6) javaprof.exe：Java 剖析工具，提供解释器剖析信息。执行命令格式如下：

```
javaprof [选项]
```

(7) appletviewer.exe：Java Applet 浏览器。执行命令格式如下：

```
appletviewer [-debug] URL
```

1.1.5 实践操作：安装和配置 Java 开发环境

1. 实施思路

01 安装和配置 JDK。

02 安装和配置 Eclipse。

2. 实施步骤

(1) JDK 下载

JDK 官方下载地址为：

http://www.java.net/download/jdk6/6u10/promoted/b32/binaries/jdk-6u10-rc2-bin-b32-windows-i586-p-12_sep_2008.exe

(2) JDK 安装

01 双击下载的 JDK 可执行文件进行安装，图 1-1-2 是 JDK 安装的初始界面，单击 "接受" 按钮进入图 1-1-3 所示界面。

02 可以通过 "更改" 按钮改变 JDK 的安装路径，选择好路径，单击 "下一步" 按钮进入图 1-1-4 所示界面。

03 在安装的过程中，出现如图 1-1-5 所示的提示，可以通过 "更改" 按钮改变 JRE 的安装路径，选择好路径后单击 "下一步" 按钮进入如图 1-1-6 所示的界面。

04 安装完成时显示如图 1-1-7 所示的界面。

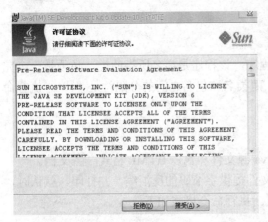

图 1-1-2　JDK 安装初始界面

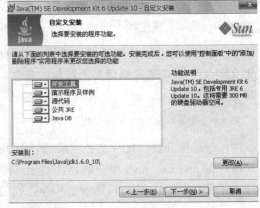

图 1-1-3　JDK 安装目录及组件选择界面

图 1-1-4　JDK 安装进度

图 1-1-5　JRE 安装目录选择界面

图 1-1-6　JRE 安装进度

图 1-1-7　JDK 安装完成

(3)　环境变量设置

01 安装好后进行配置。右击"我的电脑"图标,选择"属性"命令,在打开的对话框中单击"高级"选项卡里的"环境变量"按钮,如图 1-1-8 所示。在新打开的对话框中,系统变量需要设置三个属性:JAVA_HOME、PATH 和 classpath。

图 1-1-8　环境变量配置

02　单击"新建"按钮，输入变量名 "JAVA_HOME"，顾名思义就是 Java 的安装路径，然后在"变量值"文本框中输入安装路径"C:\Program Files\Java\jdk1.6.0_02"，即 JDK 的安装路径，如图 1-1-9 所示。

03　在系统变量里找到 PATH，单击"编辑"按钮。PATH 这个变量的含义就是系统在任何路径下都可以识别 Java 命令。之后，添加变量值";% JAVA_HOME %\bin;%java_home%\jre\bin"(其中"% JAVA_HOME %"的意思是刚才设置的 JAVA_HOME 的值)，如图 1-1-10 所示。

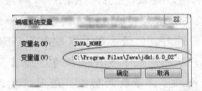

图 1-1-9　配置变量 JAVA_HOME

图 1-1-10　PATH 变量的配置

04　单击"新建"按钮，输入变量名"classpath"，该变量的含义为 Java 加载类(bin or lib) 的路径，只有类在 classpath 中，Java 命令才能识别。其值为 ".;%java_home%\lib;%java_home%\lib\ tools.jar"，如图 1-1-11 所示。

图 1-1-11　classpath 变量的配置

　注　意

在设置 classpath 时，"."表示当前目录，必须添加。

05 验证 JDK 1.6 安装是否成功。选择"开始"->"运行"命令,在打开的对话框中输入"cmd",进入命令行界面,再输入"java-version",如果安装成功,则系统显示 java version "1.6.0_02"……(不同版本号则不同),如图 1-1-12 所示。

```
C:\Documents and Settings\Administrator>java -version
java version "1.6.0_02"
Java(TM) SE Runtime Environment (build 1.6.0_02-b05)
Java HotSpot(TM) Client VM (build 1.6.0_02-b05, mixed mode, sharing)
```

图 1-1-12 验证 JDK 1.6 安装是否成功

(4) 安装和配置 Eclipse

到"http://www.eclipse.org/downloads/"中下载相关软件,解压缩之后,Eclipse 即可使用。在 Eclipse 安装目录下找到 eclipse.exe 执行文件,双击就可以启动 Eclipse。

知识拓展

Java 与 C/C++

C 和 C++是贝尔实验室的研发产物。C++完全向 C 兼容,C 程序几乎不用修改即可在 C++的编译器上运行。C++也称为带类的 C,在 C 的基础上增加了许多面向对象的概念。Java 继承了 C 和 C++的许多东西,但和两者基本上已完全不一样了。

C 语言是一种结构化编程语言。它层次清晰,便于按模块化方式组织程序,易于调试和维护。C 语言的表现能力和处理能力极强。它不仅具有丰富的运算符和数据类型,便于实现各类复杂的数据结构;它还可以直接访问内存的物理地址,进行位(bit)一级的操作。由于 C 语言实现了对硬件的编程操作,因此 C 语言集高级语言和低级语言的功能于一体,既可用于系统软件的开发,也适合于应用软件的开发。此外,C 语言还具有效率高、可移植性强等特点,因此广泛地移植到了各种类型计算机上,从而形成了多种版本的 C 语言。

C++ 是在 C 的基础上改进的一种编程语言,增添了许多新的功能,应用难度也比 C 大,和 C 一样侧重于计算机底层操作,能进行系统软件的开发。

Java 是在 C++的基础上再一次改进后的编程语言,侧重于网络和数据库编程。这 3 种都是编程语言,语法基本上是一样的,不过具体内容的差别还是挺大的。

巩固训练:环境搭建

1. 实训目的

能够按照任务实施的具体步骤,实现环境搭建。

2. 实训内容

仿照"任务 1.1"中任务实施的具体过程,完成 JDK 的下载、JDK 的安装、环境变量设置等操作,能够在命令提示符窗口中运行 java 命令和 javac 命令。

任务 1.2 构建语法基础

任务描述 ☞

(1) 使用 Eclipse 编写第一个 Java 程序，在 Eclipse 控制台输出一个字符串："Welcome to Java World!"。其运行结果如图 1-2-1 所示。

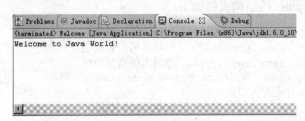

图 1-2-1 运行结果

(2) 输入扇形的半径和角度，在控制台输出扇形的面积和周长。要求：扇形的周长只保留整数部分，舍掉小数部分。其运行结果如图 1-2-2 所示。

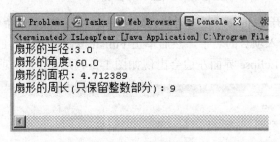

图 1-2-2 运行结果

1.2.1 Java 的两类程序结构

Java 程序主要分为两类：Java 应用程序(Java Application)和 Java 小程序(Java Applet)。

1. Java 应用程序

Java 应用程序是指能够独立运行的程序，需要独立的解释器来解释运行。Java 应用程序的主类必须有一个定义为 public static void main(String[] args)的方法。该方法是 Java 应用程序的标志，也是 Java 应用程序执行时的入口点。

Java 应用程序的结构大致如下：

```
① package com.task02;
② import java.io.*;
③ public class Welcome {
④     public static void main(String[] args) {
           //TODO Auto-generated method stub
⑤         …//这里编写代码
       }
}
```

其中，①处表示程序所在的包，②处表示程序需要导入的包，③处表示程序的外层框架，④处表示 Java 应用程序入口点，⑤处编写代码。

2. Java 小程序(Java Applet)

Java Applet 是运行于各种网页文件中，用于增强网页的人机交互、显示动画、播放声音等功能的程序，它不能独立运行。

Java Applet 的结构大致如下：

```
package com.task02;     //本文件所属包名
import  java.applet.*;  //导入所需要的包
import  java.awt.*;     //导入所需要的包
public class Welcome extends Applet {
//Java 小程序入口点
        …              //这里编写代码
}
```

1.2.2   实践操作：使用 Eclipse 创建 Java 程序并创建一个类

1. 使用 Eclipse 创建 Java 程序的步骤

01 打开 Eclipse，通过菜单 File->New->Java Project 命令创建一个新的项目，在 Project name 位置输入项目的名字，然后单击 Finish 按钮完成项目的创建，如图 1-2-3 所示。

02 在 Eclipse 界面左边会出现如图 1-2-4 所示的一个项目目录树(javabook)。

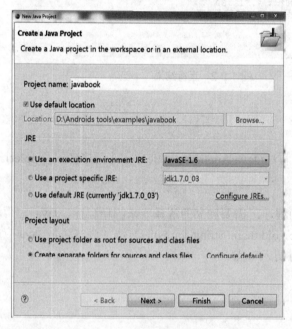

图 1-2-3   创建项目

图 1-2-4   项目目录树

03 右击项目中的 src，选择 New->Package 命令，弹出如图 1-2-5 所示的对话框，在 Name 位置输入包名"com.task02"，单击 Finish 按钮。

04 右击 com.task02，选择 New->Class 命令，弹出如图 1-2-6 所示的对话框，在 Name

位置输入"Welcome"，并勾选 public static void main(String[] args)项，单击 Finish 按钮，会出现如图 1-2-7 所示窗口。

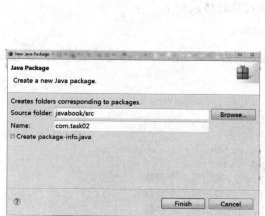

图 1-2-5 创建包

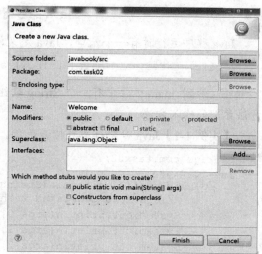

图 1-2-6 创建类

05 在如图 1-2-7 所示窗口中即可进行代码编写工作。

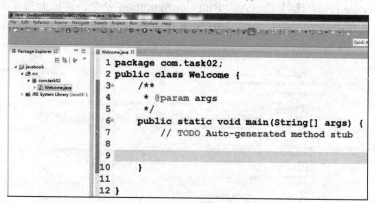

图 1-2-7 代码编写窗口

2. 使用 Eclipse 创建一个名为 Welcome 的类

(1) 实施思路

01 按照上文步骤创建一个名为 Welcome 的类。

02 在 main 方法中输入向控制台打印信息的代码。

(2) 程序代码

```
package com.task02;                            //包名
public class Welcome {
    public static void main(String[] args) {    //程序执行入口
        //TODO Auto-generated method stub
        System.out.print("Welcome to Java World!");//控制台输出语句
    }
}
```

■ 知识拓展

Java 命令行参数传递方式

Java 程序运行时有一个入口，Java 定义该入口的格式如下：

```
public static void main(String[] args);
```

可以看到，main 方法中有一个 String 数组类型的参数 args，下面通过一个范例讲解 main 方法参数的输入方法。

【实例 1-1】Java 命令行参数传递范例。

```
package com.task02;
public class Welcome {
    public static void main(String[] args) {
        //TODO Auto-generated method stub
        System.out.println(args[0]);   //输出第一个参数
        System.out.println(args[1]);   //输出第二个参数
        System.out.println(args[2]);   //输出第三个参数
        System.out.println(args[3]);   //输出第四个参数
    }
}
```

右击 Welcome.java，选择 Run As->Run Configuration 命令，弹出如图 1-2-8 所示窗口，在 Arguments 选项卡的 Program arguments 文本框中输入"Welcome to Java World!"，单击 Run 按钮。

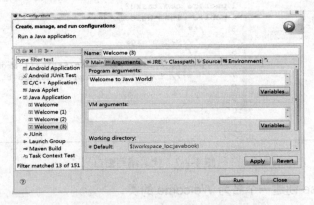

图 1-2-8　main 方法参数设置窗口

【经验】

参数之间使用空格隔开，多个空格将被忽略。

运行结果如图 1-2-9 所示。

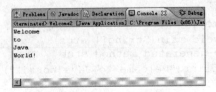

图 1-2-9　运行结果

巩固训练：输出自己的基本信息

1. 实训目的

◎ 掌握使用 Eclipse 开发简单 Java 程序的方法；

◎ 掌握 Java 程序的框架；

◎ 掌握创建一个 Java 程序的步骤；

◎ 掌握 Java 项目组织结构。

2. 实训内容

仿照"任务 1.2"在 Eclipse 中编写一个输出自己基本信息(如所在学校、所属专业、姓名和年龄)的 Java 应用程序。

1.2.3 Java 语言系统

1. Java 中的标识符

对程序中的各个元素加以命名时，使用的命名记号称为标识符。Java 中的包、类、方法、参数和变量的名字，可由任意顺序的大小写字母、数字、下划线(_)和美元符号($)组成，但标识符不能以数字开头，不能是 Java 中的保留字或关键字。

例如，下面是合法的标识符：

```
yourname    your_name    _yourname    $yourname
```

例如，下面是非法的标识符：

```
class    67.9    Hello Careers
```

2. Java 中的关键字

和其他语言一样，Java 中也有许多关键字，如 public、static 等。这些关键字不能当作标识符使用。下面列出 Java 中的关键字，这些关键字并不需要读者去强记，因为一旦使用了这些关键字做标识符时，编辑器会自动提示错误。Java 常用关键字如表 1-2-1 所示。

表 1-2-1 Java 常用关键字

关 键 字	用 途
boolean、byte、char、double、float、int、long、short、void	基本类型
true、false	布尔类型
abstract、final、private、protected、public、static	修饰说明
synchronized	线程同步
if、else、switch、case、default、do、while、for	控制语句
break、continue、return	控制转移
try、catch、finally、throws、assert	异常处理
new、super、this、instanceof、null	对象创建、引用
native、transient、volatile	其他

3. Java 中的保留字

所谓保留字是指 Java 中现在还没有用到,但是以后随着 Java 版本的升级可能用到的字。主要有两个: goto 和 const。与关键字一样,在程序里,保留字不能作为自定义的标识符。

4. Java 中的注释

为程序添加注释可以解释程序某些语句的作用和功能,提高程序的可读性。也可以使用注释在原程序中插入设计者的个人信息。此外,还可以用程序注释来暂时屏蔽某些程序语句,让编译器暂时不要处理这部分语句,等到需要处理的时候,只需把注释标记取消就可以了。下面介绍常用的两种注释类型。

(1) 单行注释

单行注释,就是在注释内容前面加双斜线(//),Java 编译器会忽略掉这部分信息。例如:

```java
System.out.print("Welcome to Java World!") ; //在控制台输出一条语句
```

(2) 多行注释

多行注释,就是在注释内容前面以单斜线加一个星形标记(/*)开头,并在注释内容末尾以一个星形标记加单斜线(*/)结束。当注释内容超过一行时一般使用这种方法,例如:

```java
/*
    int c = 10 ;
    int x = 5 ;
*/
```

5. Java 中的分隔符

Java 和其他语言一样有起分隔作用的特殊符号,称为分隔符。Java 里的分隔符有 6 个,分别是分号(;)、大括号({})、方括号([])、小括号(())、圆点(.)、空格。

(1) 分号

Java 是以分号作为语句的分隔而不是用回车,每一个结束的语句都要以分号结束。例如:

```java
System.out.println(args[0]);     //语句结束
System.out.println(args[1]);     //不换行也不会报错
```

 注 意

中文的分号和英文的分号是有区别的,一定要区分开来。

(2) 大括号

Java 里大括号是定义一块代码的。例如:

```java
public static void main(String[] args){}   //方法体放在{}中
```

(3) 方括号

方括号主要用于数组。例如:

```java
public static void main(String[] args){}   //其中 String[] args 就是数组定义
```

(4) 小括号

小括号是所有分隔符中功能最丰富的，用于优先计算 2*(2+6)、强制类型转换(int)3.5、方法声明时参数的定义等。

(5) 圆点

圆点通常作为类和实例对象中调用方法、属性、内部类的分隔符。

(6) 空格

空格在 Java 中是分割一句语句的不同部分，Tab 和 Enter 都是空格分隔符。例如：

`String name="qiice.com"; //String 和 name 是同一句的不同部分，用空格作为分隔符`

6. Java 中的常量与变量

(1) Java 中的常量

所谓常量，就是程序运行过程中不改变的量。常量有不同类型：布尔型常量、整数型常量、字符型常量、浮点型常量和字符串型常量。

在 Java 语言中，使用 final 关键字声明常量，格式如下：

`final 常量类型 常量标识符[=数值];`

例如：

`final PI=3.1415; //声明一个常量 PI`

注 意

在 Java 语言中，定义常量的时候一般都用大写字符。

(2) Java 中的变量

所谓变量，就是值可以改变的量。变量用来存放数据并保存对象的状态，声明格式如下：

`变量类型 变量名;`

例如：

`String name; //声明一个变量 name`

变量声明之后，即可对其进行赋值。格式如下：

`变量名=数值;`

例如：

`name="Tom"; //为变量 name 赋值`

7. Java 中的数据类型

Java 的数据类型分为两大类：基本数据类型和引用数据类型。基本数据类型的数据占用内存的大小固定，在内存中存入的是数据本身。引用数据类型在内存中存入的是引用数据的存放地址，并不是数据对象本身。Java 的数据类型如图 1-2-10 所示。

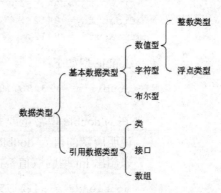

图 1-2-10 Java 数据类型

(1) 基本数据类型

① 数值型：数值型数值分为整数类型和浮点类型两类。

◎ 整数类型：整数类型是指不带小数的数，但包括负数。例如 123、-345。整数类型
变量有 4 种用来存储整数。

◈ 字节型(byte)：用关键字 byte 定义的整数型变量，内存分配 1 个字节，占 8 位
(bit)，例如：

```
byte x;  byte two=2;  byte a , b, c =-127
```

◈ 短整型(short)：用关键字 short 定义的整数型变量，内存分配 2 个字节，占 16
位，例如：

```
short a =3276
```

◈ 整型(int)：用关键字 int 定义的整数型变量，内存分配 4 个字节，占 32 位，
例如：

```
int two=99999
```

◈ 长整型(long)：用关键字 long 定义的整数型变量，内存分配 8 个字节，占 64
位。在为 long 型常量或变量赋值时，需要在所赋值的后面加上一个字母 L 或
l，说明所赋的值为 long 型。如果所赋的值未超出 int 型的取值范围，也可以
省略字母 L 或 l。例如：

```
long la = 9876543234L;      //超出了 int 取值范围，必须加 L
long lb = 98765432L;        //未超出 int 取值范围，也可以加 L
long lc = 98765432;         //未超出 int 取值范围，可以省略 L
```

◎ 浮点类型变量有两个类型。

◈ float 型如下：

```
float a = 1.2f;  //声明 float 型变量并赋值
```

在为 float 型常量或变量赋值时，需要在所赋值的后面加上一个字母 F 或 f，
说明所赋的值为 float 型。如果所赋的值为整数，并且未超出 int 型的取值范围，
也可以省略字母 F 或 f。例如：

```
float fa = 9412.75F;        //赋值为小数，必须加 F
float fb = 9876543210F;     //赋值超出 int 取值范围，必须加 F
float fc = 9412F;           //未超出 int 取值范围，可以加 F
float fd = 9412;            //也可以省略 F
```

◈ double 型如下：

```
double a =1234567.89;  //声明 double 型变量并赋值
```

在为 double 型常量或变量赋值时，需要在所赋值的后面加上一个字母 D 或 d，
说明所赋的值为 double 型。如果所赋的值为小数，或者所赋的值为整数并且
未超出 int 型的取值范围，也可以省略字母 D 或 d。例如：

```
double da = 9412.75D;   //所赋值为小数，可以加上 D
double db = 9412.75;    //所赋值为小数，也可以省略 D
```

```
double dc = 9412D;          //未超出 int 取值范围，可以加上 D
double dd = 9412;           //未超出 int 取值范围，可以省略 D
double de = 9876543210D;    //超出 int 取值范围，必须加上 D
```

② 字符型：Java 中的字符通过 Unicode 字符编码，以二进制的形式存储到计算机中。Unicode 编码采用无符号编码，一共可存储 65536 个字符，所以 Java 中的字符几乎可以处理所有国家的语言文字。

声明为字符型的常量或变量用来存储单个字符，它占用内存的 2 个字节。字符型利用关键字 char 进行声明。在为 char 型常量或变量赋值时，无论值是一个英文字母或者是一个符号，还是一个汉字，必须将所赋的值放在英文状态下的一对单引号中。例如：

```
char ca = 'M';      //将大写字母 M 赋值给 char 型变量
char cb = '*';      //将符号*赋值给 char 型变量
char sex = '男';    //将汉字男赋值给 char 型变量
```

Java 中还有一种特殊的字符称为转义字符，表 1-2-2 列出了常用的转义字符及其含义。

表 1-2-2　Java 常用转义字符

转义字符	含　义
\'	单引号字符
\"	双引号字符
\\	反斜杠
\r	回车
\n	换行
\f	走纸换页
\t	横向跳格
\b	退格

③ 布尔型：声明为布尔型的常量或变量用来存储布尔值，布尔值只有 true 和 false，分别用来代表布尔判断中的"真"和"假"，布尔型利用关键字 boolean 进行声明。例如：

```
boolean ba = true;   //声明 boolean 型变量 ba，并赋值为 true
```

(2) 引用数据类型

Java 语言中除 8 种基本数据类型以外的数据类型被称为引用数据类型，也称复合数据类型，包括类引用、接口引用以及数组引用。在程序中声明的引用类型变量只是为该对象起一个名字或者说是对该对象的引用，变量值是对象在内存空间的存储地址而不是对象本身，因此称为引用类型。

8. 类型转换

Java 的数据类型在定义时就已经确定了，因此不能随意转换成其他的数据类型，但 Java 允许用户有限度地做类型转换处理。数据类型的转换方式可分为"自动类型转换"及"强制类型转换"两种。

(1) 自动类型转换

当需要从低级类型向高级类型转换时，编程人员无须进行任何操作，Java 会自动完成类型转换。低级类型是指取值范围相对较小的数据类型，高级类型则指取值范围相对较大的数据类型，例如 long 型相对于 float 型是低级数据类型，但是相对于 int 型则是高级数据类型。在基本数据类型中，除了 boolean 类型外均可参与算术运算，这些数据类型从低到高的排序如图 1-2-11 所示。

图 1-2-11　Java 自动数据类型转换顺序

例如：

```
int a=6;          //声明一个 int 类型变量 a
double b=a;        //将 a 赋值给 b，会进行自动类型转换
```

(2) 强制类型转换

如果需要把数据类型较高的数据或变量赋值给数据类型相对较低的变量，就必须进行强制类型转换。语法格式如下：

(数据类型)表达式;

例如将 Java 默认为 double 型的数据 7.5 赋值给数据类型为 int 型变量的方式如下：

```
int i = (int) 7.5;       //将 7.5 赋值给 int 型数据 i，需进行强制类型转换
```

这句代码在数据 7.5 的前方添加了代码(int)，意思就是将数据 double 型的 7.5 强制转换为 int 型。

在执行强制类型转换时，可能会导致数据溢出或精度降低。例如，上面语句中变量 i 的值最终为 7，导致数据精度降低。

9. 运算符与表达式

Java 中的语句有很多种形式，表达式就是其中一种形式。表达式是由操作数与运算符所组成：操作数可以是常量、变量，也可以是方法，而运算符就是数学中的运算符号，如"+""-""*""/""%"等。以表达式(z+100)为例，"z"与"100"都是操作数，而"+"就是运算符，如图 1-2-12 所示。

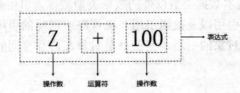

图 1-2-12　Java 中的操作数与运算符

Java 提供了许多的运算符，这些运算符除了可以处理一般的数学运算外，还可以做逻辑运算、地址运算等。根据其所使用的类的不同，运算符可分为赋值运算符、算术运算符、关系运算符、逻辑运算符、位运算符、括号运算符等。

(1) 赋值运算符

为各种不同数据类型的变量赋值时，需要使用赋值运算符"="。等号"="在 Java 中并

不是"等于"的意思，而是"赋值"的意思。例如：

```
int i=5;              //为变量 i 赋值为 5
double d=3.145;       //为变量 d 赋值为 3.145
```

(2) 算术运算符

算术运算符在数学上面经常会使用到，包含+(加法)、-(减法)、*(乘法)、/(除法)、%(余数)，下面将一一介绍。

① 加法运算符"+"。将加法运算符"+"的前后两个操作数相加，例如：

```
System.out.println("3 + 8 = "+(3+8));  //直接输出表达式的值
```

② 减法运算符"-"。将减法运算符"-"前面的操作数减去后面的操作数，例如：

```
num = num - 3 ;       //将 num-3 运算之后赋值给 num 存放
a = b - c ;           //将 b-c 运算之后赋值给 a 存放
```

③ 乘法运算符"*"。将乘法运算符"*"的前后两个操作数相乘，例如：

```
b = b * 5 ;           //将 b*5 运算之后赋值给 b 存放
a = a *a ;            //将 a * a 运算之后赋值给 a 存放
```

④ 除法运算符"/"。将除法运算符"/"前面的操作数除以后面的操作数，例如：

```
a = b / 5 ;           //将 b / 5 运算之后的值赋给 a 存放
c = c / d ;           //将 c / d 运算之后的值赋给 c 存放
```

使用除法运算符时要特别注意一点，就是数据类型的问题。在上面的例子中，当 a、b、c、d 的类型皆为整数时，若运算的结果不能整除，输出的结果与实际的值会有差异，这是因为整数类型的变量无法保存小数点后面的数据，因此在声明数据类型及输出时要特别小心。

【实例 1-2】为两个整型变量 a、b 赋值，并将 a/b 的运算结果输出。

```
public static void main(String[] args)
{
    int a = 13 ; //声明变量并赋值
    int b = 4 ; //声明变量并赋值
    System.out.println("a = "+a+" , b = "+b);
    System.out.println("a / b = "+(a/b));
    System.out.println("a / b = "+((float)a/b)); //进行强制类型转换
}
```

程序运行结果如下：

```
a=13,b=4
a/b=3
a/b=3.25
```

⑤ 余数运算符"%"。将余数运算符"%"前面的操作数除以后面的操作数，取其所得到的余数。例如：

```
num = num % 3 ;       //将 num%3 运算之后赋值给 num 存放
a = b % c ;           //将 b%c 运算之后赋值给 a 存放
```

(3) 关系运算符

关系运算符用来比较两个值的关系。关系运算符包括>(大于)、<(小于)、<=(小于等

于)、>=(大于等于)、==(等于)、!=(不等于)。关系运算符的运算结果是 boolean 型，当运算符对应的关系成立时，运算结果是 true，否则是 false。例如：

◎ 10<9 的结果是 false；

◎ 5>1 的结果是 true；

◎ 3!=5 的结果是 true；

◎ 10>20-17 的结果为 true。

(4) 逻辑运算符

逻辑运算符有&&、||和!。其中&&和||为二目运算符，实现逻辑与和逻辑或。! 为单目运算符，实现逻辑非。逻辑运算符的操作元必须是 boolean 型数据，例如：

◎ 2>8&&9>2 的结果为 false；

◎ 2>8||9>2 的结果为 true。

(5) 自增和自减运算符

自增(++)与自减(--)运算符在 C/C++中就已经存在了，Java 仍然将它们保留了下来，是因为它们具有相当大的便利性。

善用递增与递减运算符可使程序更加简洁。例如，声明一个 int 类型的变量 a，在程序运行中想让它加 1，语句如下：

a = a+1 ; //a 加 1 后再赋值给 a 存放

也可以利用递增运算符"++"写出更简洁的语句，而语句的意义是相同的：

a++ ; //a 加 1 后再赋值给 a 存放，a++为简洁写法

递增运算符"++"在变量的前面，如++a，和 a++所代表的意义是不一样的。a++会先执行整个语句后再将 a 的值加 1，而++b 则先把 b 的值加 1 后再执行整个语句。以下面的程序为例，将 a 与 b 的值皆设为 3，将 a++及++b 输出来，可以轻易地比较出两者的不同。

【实例 1-3】自增自减运算符使用实例。

```
public static void main(String args[])
    {
        int a = 3 , b = 3 ;
        System.out.print("a = "+a); //输出 a
        System.out.println(" , a++ = "+(a++)+" , a= "+a); //输出 a++和 a
        System.out.print("b = "+b); //输出 b
        System.out.println(" , ++b = "+(++b)+" , b= "+b); //输出++b 和 b
    }
```

程序运行结果如下：

```
a=3,a++=3,a=4
b=3,++b=4,b=4
```

(6) 位运算符

任何信息在计算机中都是以二进制的形式存在的，位运算符对操作数中的每个二进制位都进行运算。位运算符包括~(位反)、>>(右移)、<<(左移)、>>>(不带符号的右移)，例如：

```
5<<2；        //将数字 5 左移 2 位
11>>2；       //将数字 11 右移 2 位
```

(7)　括号运算符

括号()也是 Java 的运算符，是用来处理表达式的优先级。以一个简单的加减乘除式子为例：

```
3+5+4*6-7; //未加括号的表达式
```

相信根据读者现在所学过的数学知识，这道题应该很容易解开。根据加减乘除的优先级(*、/的优先级大于+、−)来计算结果，这个式子的答案为 25。但是如果想先计算 3+5+4 及 6-7 之后再将两数相乘时，就必须将 3+5+4 及 6-7 分别加上括号，而成为下面的式子：

```
(3+5+4)*(6-7); //加上括号的表达式
```

经过括号运算符()的运作后，计算结果为-12，所以括号运算符()可以使括号内表达式的处理顺序优先。

1.2.4　实践操作：编程输出扇形的面积和周长

1. 实施思路

01　在 Eclipse 的项目中创建包 com.task03，之后再创建类 AreaAndPerimeterOfFan；

02　在 main 方法中定义所需要的变量和常量；

03　从命令行参数接收输入的数据，并转化为 float 类型；

04　根据扇形的公式求面积和周长；

05　在控制台输出扇形的面积和周长。

2. 程序代码

```
public static void main(String args[])
    {
        final float PI=3.1415926927f;//定义常量
        float perimeter,area;//周长和面积
        float radius = Float.parseFloat(args[0]);//由字符串转成数值
        float angle = Float.parseFloat(args[1]);//角度值
        area = PI * radius * radius * angle / 360;//计算面积
        perimeter = 2*PI * radius* angle/360 + 2 * radius;//计算周长
        int perimeterInt =(int)perimeter;
        System.out.println("扇形的半径:" + radius);
        System.out.println("扇形的角度:" + angle);
        System.out.println("扇形的面积: "+ area);
        System.out.println("扇形的周长(只保留整数部分): "+perimeterInt);
    }
```

■ 知识拓展

Java 中的优先级

Java 中规定了运算符的优先次序，即优先级。当一个表达式中有多个运算时将按规定的优先级进行运算，表 1-2-3 列出了各个运算符的优先级，数字越小表示优先级越高。

表 1-2-3　Java 运算符的优先级

优先级	运算符	功　能	结合性
1	()	括号运算符	由左至右
1	[]	方括号运算符	由左至右
2	!、+(正号)、-(负号)	一元运算符	由右至左
2	~	位逻辑运算符	由右至左
2	++、--	递增与递减运算符	由右至左
3	*、/、%	算术运算符	由左至右
4	+、-	算术运算符	由左至右
5	<<、>>	位左移、右移运算符	由左至右
6	>、>=、<、<=	关系运算符	由左至右
7	==、!=	关系运算符	由左至右
8	&(位运算符 AND)	位逻辑运算符	由左至右
9	^(位运算符 XOR)	位逻辑运算符	由左至右
10	|(位运算符 OR)	位逻辑运算符	由左至右
11	&&	逻辑运算符	由左至右
12	||	逻辑运算符	由左至右
13	?:	条件运算符	由右至左
14	=	赋值运算符	由右至左

表 1-2-3 的最后一栏是运算符的结合性。结合性可以让程序设计者了解到运算符与操作数之间的关系及其相对位置。举例来说，当使用同一优先级的运算符时，结合性就非常重要了，它决定谁会先被处理。例如:

```
a = b +d / 5 * 4 ;
```

这个表达式中含有不同优先级的运算符，其中 "/" 与 "*" 的优先级高于 "+"，而 "+" 又高于 "="，但是读者会发现，"/" 与 "*" 的优先级是相同的，到底 d 该先除以 5 再乘以 4 呢? 还是 5 乘以 4 后 d 再除以这个结果呢? 结合性的定义，就解决了这方面的困扰，算术运算符的结合性为 "由左至右"，就是在相同优先级的运算符中，先对运算符左边的操作数开始处理，再处理右边的操作数。上面的式子中，由于 "/" 与 "*" 的优先级相同，因此 d 会先除以 5 再乘以 4 得到的结果加上 b 后，将整个值赋给 a 存放。

巩固训练：实现一个数字加密器

1. 实训目的

◎ 能较熟练地使用 Eclipse 开发简单 Java 程序;

◎ 掌握变量的定义方式;

◎ 掌握 Java 运算符应用和表达式的书写。

2. 实训内容

实现一个数字加密器。运行时输入加密前的整数，通过加密运算后，输出加密后的结果，加密结果仍为一整数。加密规则为：

$$加密结果 = (整数*10+5) / 2 + 3.14159$$

单元小结

Java是一种可以开发跨平台应用软件的面向对象程序设计语言，是美国Sun公司于1995年5月推出的Java程序设计语言和Java平台的总称。Java具有良好的通用性、高效性、平台移植性和安全性，广泛应用于个人计算机、数据中心、游戏控制台、超级计算机、移动电话和Internet等领域，拥有全球最大的开发者专业社群。在全球云计算和移动互联网的产业环境下，Java更具备了显著优势和广阔前景。本单元通过两个任务介绍Java开发环境的搭建及基本程序创建方法，引导大家进入Java的开发学习之旅。

单元习题

一、选择题

1. 编译Java程序后生成的面向JVM的字节码文件的扩展名是(　　)。
   A. .java　　　　　　　B. .class　　　　　　　C. .obj　　　　　　　D. .exe
2. 下面关于Java语言特点的描述中，错误的是(　　)。
   A. Java是纯面向对象编程语言，支持单继承和多重继承
   B. Java支持分布式的网络应用，可透明地访问网络上的其他对象
   C. Java支持多线程编程
   D. Java程序与平台无关、可移植性好
3. 下列标识符(名字)命名原则中，正确的是(　　)。
   A. 类名的首字母小写　　　　　　　　B. 接口名的首字母小写
   C. 常量全部大写　　　　　　　　　　D. 变量名和方法名的首字母大写
4. (　　)是正确的main()方法说明。
   A. void main()　　　　　　　　　　　B. private static void main(String args[])
   C. public main(String args[])　　　　　D. public static void main(String args[])
5. 在Java语言中下列标识符为合法的是(　　)。
   A. persons$　　　　　　B. TwoUsers　　　　　C. *point　　　　　D. instanceof
6. (　　)是合法标识符。
   A. 2end　　　　　　　　B. -hello　　　　　　　C. =AB　　　　　D. 整型变量
7. 若x=5，y=8，则表达式x|y的值为(　　)。
   A. 3　　　　　　　　　　B. 13　　　　　　　　　C. 0　　　　　　　D. 5
8. 若定义有变量float f1，f2=8.0F，则下列说法正确的是(　　)。
   A. 变量f1，f2均被初始化为8.0
   B. 变量f1没有被初始化，f2被初始化为8.0

    C. 变量 f1，f2 均未被初始化

    D. 变量 f2 没有被初始化，f1 被初始化为 8.0

9. 若定义有 short s；byte b；char c；则表达式 s*b+c 的类型为(   )。

    A. char   B. short   C. int   D. byte

二、填空题

1. Java 是一种计算机程序语言，可以编写嵌入在 Web 网页中运行的_____。

2. Java 的 3 个分支是：_____、_____和 J2SE。

3. Java 源程序是扩展名为_____的文本文件。

4. 15.2%5 的计算结果是_____。

三、程序改错题

请指出下面程序段中的错误：

```
int i=0;
while(i>10);
i=i+1;
```

四、简答题

1. 简述 Java 语言的特点。

2. Java 虚拟机的作用是什么？

3. 简述 Java 变量的命名规则。

4. 简述在 Java 中数据类型转换的规则。

5. 为什么 JDK 默认安装后，会有两个 JRE 文件夹？两个 JRE 文件夹有什么区别？

五、程序题

编写一个程序，在控制台输出"欢迎来到 Java 世界"。

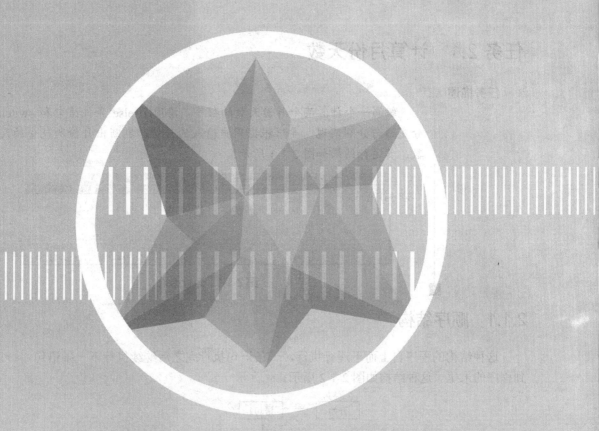

单元 2

Java 程序结构

学习目标 👉

1. 理解程序常用的结构
2. 掌握 if 语句结构
3. 掌握 if-else 语句结构
4. 掌握多重条件语句结构
5. 掌握 switch 语句结构
6. 掌握 while 循环结构的使用方法
7. 掌握 do-while 循环结构的使用方法
8. 掌握 for 循环结构的使用方法

任务 2.1　计算月份天数

任务描述 ☞

　　编写一个计算某个月份天数的程序，请用 if-else 条件语句和 switch 分支语句分别实现。要求根据用户输入的月份，判断出月份所包含的天数。其运行结果如图 2-1-1 所示。

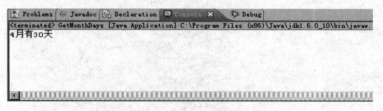

图 2-1-1　运行结果

2.1.1　顺序结构

　　这种结构的程序自上而下逐行执行，一条语句执行完之后继续执行下一条语句，一直到程序的末尾。这种结构如图 2-1-2 所示。

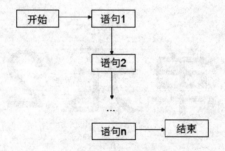

图 2-1-2　顺序结构的基本流程

　　顺序结构在程序设计中是最常使用的结构，在程序设计中扮演了非常重要的角色，因为大部分的程序基本上都是依照这种由上而下的流程来设计的。

2.1.2　选择结构

1. if 语句结构

if 语句结构的格式如下所示：

```
if (判断条件)
    {
        语句1;
        语句2;
        …
        语句3;
    }
```

若是在 if 语句主体中要处理的语句只有一个，可省略左、右大括号。当判断条件的值不为假时，就会逐一执行大括号里面所包含的语句，if 语句结构的流程图如图 2-1-3 所示。

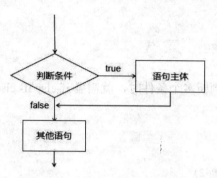

图 2-1-3　if 语句结构的流程图

【实例 2-1】if 条件语句实例。

```
public static void main(String args[])
    {
        int x = 10;
        if(x == 8)   //x 的值为 10，条件表达式的值为 false，所以不执行下面语句
        {
            System.out.print("x=8");
        }
    }
```

2. if-else 语句结构

当程序中存在含有分支的判断语句时，就可以用 if-else 结构处理。当判断条件成立时，即执行 if 语句主体；判断条件不成立时，则会执行 else 后面的语句主体。if-else 结构的格式如下：

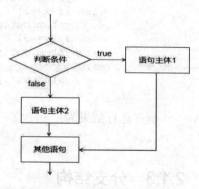

图 2-1-4　if-else 结构的流程图

```
if  (判断条件)
    {
        语句主体 1;
    }
else
    {
        语句主体 2;
    }
```

若是在 if 语句或 else 语句主体中要处理的语句只有一个，可以将左、右大括号去除。if-else 结构的流程图如图 2-1-4 所示。

【实例 2-2】声明一个整型变量 a，并给其赋初值 5，在程序中判断 a 是奇数还是偶数，再将判断的结果输出。

```
public static void main(String args[])
    {
        int a = 5 ;
        if(a%2==1)
        System.out.println(a+" 是奇数! ");
        else
```

```
        System.out.println(a+" 是偶数！");
    }
```

程序运行结果为：

5是奇数！

3. 多重条件语句结构

如果需要在 if-else 里判断多个条件时，就需要 if-else if- else 语句了，其格式如下：

```
if (条件判断 1)
    {
        语句主体 1;
    }
    else if (条件判断 2)
    {
        语句主体 2;
    }
    …//多个 else if 语句
else
    {
        语句主体 3;
    }
```

【实例 2-3】多重 if 结构实例。

```
public static void main(String args[])
    {
        int x = 1 ;
        if(x==1)
            System.out.println("x = = 1");
        else if(x==2)
            System.out.println("x = = 2");
        else if(x==3)
            System.out.println("x = = 3");
        else
            System.out.println("x > 3");
    }
```

程序运行结果为：

x==1

2.1.3 分支结构

switch 语句可以将多选一的情况简化，而使程序简洁易懂，在本节将介绍如何使用 switch 语句以及它的好伙伴——break 语句；此外，也要讨论在 switch 语句中如果不使用 break 语句会出现的问题。首先了解 switch 语句该如何使用。要在许多的选择条件中找到并执行其中一个符合判断条件的语句时，除了可以使用 if-else 不断地判断之外，也可以使用另一种更方便的方式，

分支结构

即多重选择——switch 语句。使用嵌套 if-else 语句最常发生的状况，就是容易将 if 与 else 配对混淆而造成阅读及运行上的错误。使用 switch 语句则可以避免这种错误的发生。switch 语句的格式如下：

```
switch (表达式)
```

```
    {
        case 选择值 1 :    语句主体 1;
        break;
        case 选择值 2 :    语句主体 2;
        break;
        ...
        case 选择值 n :    语句主体 n;
        break;
        default:    语句主体;
    }
```

语句执行过程如下。

01 switch 语句先计算括号中表达式的结果。

02 根据表达式的值检测是否符合 case 后面的选择值，若是所有 case 的选择值皆不符合，则执行 default 所包含的语句，执行完毕即离开 switch 语句。

03 如果某个 case 的选择值符合表达式的结果，就会执行该 case 所包含的语句，一直遇到 break 语句后才离开 switch 语句。

04 若是没有在 case 语句结尾处加上 break 语句，则会一直执行到 switch 语句的尾端才会离开 switch 语句。

05 若是没有匹配到 case 的选择值，且没有定义 default 执行的语句，则什么也不会执行，直接离开 switch 语句。

根据上面的描述，可以绘制出如图 2-1-5 所示的 switch 结构流程图。

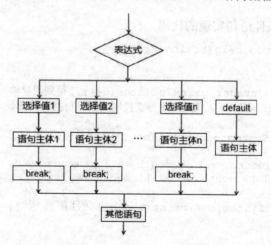

图 2-1-5 switch 结构的流程图

【实例 2-4】switch 结构实例。

```
public static void main(String args[])
    {
        int a = 100 , b = 7 ;
        char oper ='/' ;
        switch(oper) //用 switch 实现多分支语句
        {
          case '+':
          System.out.println(a+" + "+b+" = "+(a+b));
          break ;
          case '-':
```

```
        System.out.println(a+" - "+b+" = "+(a-b));
        break ;
        case '*':
        System.out.println(a+" * "+b+" = "+(a*b));
        break ;
        case '/':
        System.out.println(a+" / "+b+" = "+((float)a/b));
        break ;
        default:
        System.out.println("未知的操作！");
    }
}
```

程序运行结果为：

```
100/7=14.285714
```

2.1.4 实践操作：运用分支结构判断月份天数

1. 实施思路

01 获得用户在命令行输入的月份，并转换为整形；

02 使用 if 分支或 switch 判断月份天数，2 月 28 天，1 月、3 月、5 月、7 月、8 月、10 月、12 月的天数是 31 天，其他月份是 30 天。

2. 程序代码

(1) 使用 if-else 条件语句实现的代码

```
public static void main(String args[])
    {
        int month;
        month = Integer.parseInt(args[0]);//得到用户输入的月份
        if(month == 2)  //使用 if 分支控制判断月份拥有的天数
            {
                System.out.print(month + "月有 28 天");
            }
        else if(month == 1 || month == 3 || month == 5 || month==7 || month
            == 8 || month == 10 || month ==12)
            {
                System.out.print(month + "月有 31 天");
            }
        else
            {
                System.out.print(month + "月有 30 天");
            }
    }
```

(2) 使用 switch 语句实现的代码

```
public static void main(String args[])
    {
        int month;
        month = Integer.parseInt(args[0]);//得到输入月份
        switch(month)
        {
            case 2:
```

```
                System.out.print(month + "月有 28 天");
                break;
        case 1:
        case 3:
        case 5:
        case 7:
        case 8:
        case 10:
        case 12:
                System.out.print(month + "月有 31 天");
                break;
        default:
                System.out.print(month + "月有 30 天");
                break;
        }
    }
```

如果输入 4，程序运行结果为：

4 月有 30 天

■知识拓展

闰年判定算法

在本例中，存在一个 2 月份闰年和非闰年天数不同的问题。要实现准确的天数，需要对给定年数判定是否是闰年。判定公历闰年应遵循的一般规律为：四年一闰，百年不闰，四百年再闰。

【实例 2-5】闰年的判定算法。

```
public static void main(String args[])
    {
        int year = Integer.parseInt(args[0]);
        int m =year % 100;
        if(m ==0)
        {
            if((year % 400) == 0)
                System.out.print(year+"年是闰年，2 月份有 29 天");
            else
                System.out.print(year+"年不是闰年，2 月份有 28 天");
        }
        else
        {
            if((year % 4) == 0)
                System.out.print(year+"年是闰年，2 月份有 29 天");
            else
                System.out.print(year+"年不是闰年，2 月份有 28 天");
        }
    }
```

如果输入 2012，程序运行结果为：

2012 年是闰年，2 月份有 29 天

巩固训练：计算个人所得税

1. 实训目的

◎　能较熟练地掌握上机步骤和程序开发的全过程；

◎ 　 基本掌握分支流程控制结构；

◎ 　 能熟练使用 if、if-else、if-else if 条件结构；

◎ 　 基本理解 switch 分支结构。

2. 实训内容

仿照"任务 2.1"，计算个人所得税。设某人月收入为 x 元，假设个人所得税征收方法如下：

当 x<=3500 时，不需要交税；

当 3500<x≤5000 时，应征税为(x-3500)* 3%；

当 5000<x≤8000 时，应征税为(x-5000)* 10% + 1500 * 3%；

当 8000<x≤12500 时，应征税为(x-8000)* 20% + 3000 * 10% + 1500 * 3%；

当 12500<x≤15000 时，应征税为(x-12500)* 25% + 4500 * 20% + 3000 * 10% + 1500 * 3%；

当 x>15000 时，应征税为(x-15000)*30% + 2500 * 25% + 4500 * 20% + 3000 * 10% + 1500 * 3%。

任务 2.2 　 根据等式猜数字

任务描述 ☞

给出一个等式，比如 x * 4 = 20，其中 x 是未知数。编写一个程序求出 x 的数值，使它满足等式并输出结果。要求：x 和乘数的取值范围都在 0～9，用 for 循环和while 循环分别实现。其运行结果如图 2-2-1 所示。

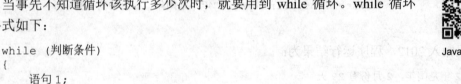

图 2-2-1 　 运行结果

2.2.1 　 循环结构

1. while 循环

当事先不知道循环该执行多少次时，就要用到 while 循环。while 循环的格式如下：

Java 循环结构

```
while (判断条件)
{
    语句 1;
    语句 2;
    ...
    语句 n;
}
```

当 while 循环主体有且只有 　 个语句时，可以将大括号去除。在 while 循环语句中，只有一个判断条件，它可以是任何表达式。当判断条件的值为真时，循环就会执行一次；再重复测试判断条件、执行循环主体，直到判断条件的值为假，才会跳离 while 循环。

下面列出了 while 循环执行的流程。

01 第一次进入 while 循环前，就必须先为循环控制变量(或表达式)赋起始值。

02 根据判断条件的内容决定是否要继续执行循环，如果条件判断值为真(true)，继续执行循环主体；条件判断值为假(false)，则跳出循环执行其他语句。

03 执行完循环主体内的语句后，重新为循环控制变量(或表达式)赋值(增加或减少)，由于 while 循环不会自动更改循环控制变量(或表达式)的内容，所以在 while 循环中为循环控制变量赋值的工作要由设计者自己来做，完成后再回到步骤 02 重新判断是否继续执行循环。

根据上述的程序流程，可以绘制出如图 2-2-2 所示的 while 循环结构流程图。

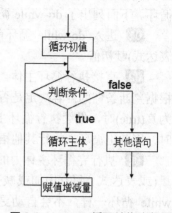

图 2-2-2　while 循环结构流程图

【实例 2-6】使用 while 循环计算 1 累加至 10。

```java
public static void main(String args[])
    {
        int i = 1 ,sum = 0 ;
        while(i<=10)
        {
            sum += i ; //累加计算
            i++ ;
        }
        System.out.println("1 + 2 + … + 10 = "+sum); //输出结果
    }
```

程序运行结果为：

```
1+2+…+10=55
```

2. do-while 循环

do-while 循环也是用于未知循环执行次数的时候，而 while 循环与 do-while 循环最大不同就是，进入循环前 while 语句会先测试判断条件的真假，再决定是否执行循环主体；而 do-while 循环则是"先做再说"，每次都是先执行一次循环主体，然后再测试判断条件的真假，所以无论循环成立的条件是什么，使用 do-while 循环时，至少都会执行一次循环主体。do-while 循环的格式如下：

```java
do
{
    语句1；
    语句2；
    …
    语句n；
}while (判断条件);
```

当循环主体只有一个语句时，可以将左、右大括号去掉。第一次进入 do-while 循环语句时，不管判断条件(可以是任何表达式)是否符合执行循环的条件，都会直接执行循环主体。

循环主体执行完毕，才开始测试判断条件的值，如果判断条件的值为真，则再次执行循环主体，如此重复测试判断条件、执行循环主体，直到判断条件的值为假，才会跳离 do-while 循环。下面列出了 do-while 循环执行的流程。

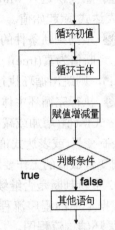

01 进入 do-while 循环前，要先为循环控制变量(或表达式)赋初值。

02 直接执行循环主体，循环主体执行完毕，才开始根据判断条件的内容决定是否继续执行循环：判断条件值为真(true)时，继续执行循环主体；判断条件值为假(false)时，则跳出循环，执行其他语句。

03 执行完循环主体内的语句后，重新为循环控制变量(或表达式)赋值(增加或减少)。由于 do-while 循环和 while 循环一样，不会自动更改循环控制变量(或表达式)的内容，所以在 do-while 循环中赋值循环控制变量的工作要由自己来做。再回到步骤 02 重新判断是否继续执行循环。

图 2-2-3　do-while 循环结构流程图

根据上述的描述，可以绘制出如图 2-2-3 所示的 do-while 循环结构流程图。

【实例 2-7】 用 do-while 循环设计一个从 1 累加至 n 的程序(n 为大于 0 的整数)。

```java
public static void main(String args[])
    {
    int i = 1 ,sum = 0 ;
    Scanner scanner=new Scanner(System.in);      //接收键盘输入
    int n=scanner.nextInt();                      //键盘输入的数值赋值给 n
    //do-while 是先执行一次，再进行判断，即循环体至少会被执行一次
    do{
        sum += i ;                                //累加计算
        i++ ;
        }while(i<=n);
    System.out.println("1 + 2 + … +"+ n+ " = "+sum);    //输出结果
    }
```

程序运行结果为：

```
16
1+2+…+16=136
```

 注　意

　　无论 do-while 循环结构中的判断条件是否成立，都会执行一次循环操作。这是与 while 循环的最大区别。while 循环是先判断，后执行；do-while 循环是先执行，后判断。

3. for 循环语句

当很明确地知道循环要执行的次数时，就可以使用 for 循环，其语句格式如下：

```
for (初值赋值；判断条件；赋值增减量)
{
    语句1；
    ...
    语句n；
}
```

若是在循环主体中要处理的语句只有一个，可以将大括号去掉。下面列出了 for 循环的流程。

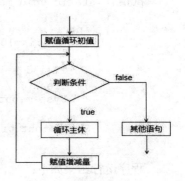

01 第一次进入 for 循环时，为循环控制变量赋初值。

02 根据判断条件的内容检查是否要继续执行循环，当判断条件值为真(true)时，继续执行循环主体内的语句；判断条件值为假(false)时，则会跳出循环，执行其他语句。

03 执行完循环主体内的语句后，循环控制变量会根据增减量的要求，更改循环控制变量的值，再回到步骤 02 重新判断是否继续执行循环。

图 2-2-4　for 循环结构流程图

根据上述描述，可以绘制出如图 2-2-4 所示的 for 循环结构流程图。

【实例 2-8】利用 for 循环来完成 1～10 的数的累加运算。

```java
public static void main(String args[])
{
    int i , sum = 0 ;
    //for 循环的使用，用来计算数字累加之和
    for(i=1;i<=10;i++)
        sum += i ; //计算 sum = sum+i
        System.out.println("1 + 2 + ... + 10 = "+sum);
}
```

程序运行结果为：

1+2+…+10=55

4. break 语句

break 语句可以强制程序跳离循环，当程序执行到 break 语句时，即会离开循环，继续执行循环外的下一个语句；如果 break 语句出现在嵌套循环中的内层循环，则 break 语句只会跳离当前层的循环。以 for 循环为例(见图 2-2-5)，在循环主体中有 break 语句时，当程序执行到 break，即会离开循环主体，而继续执行循环外层的语句。

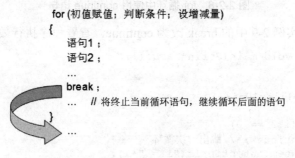

图 2-2-5　for 循环中使用 break 语句示意图

【实例 2-9】利用 for 循环输出循环变量 i 的值，当 i 除以 3 所得的余数为 0 时，即使用 break 语句跳离循环，并于程序结束前输出循环变量 i 的最终值。

```java
public static void main(String args[])
    {
        int i ;
        for(i=1;i<=10;i++)
        {
            if(i%3 == 0)
            break ; //跳出整个循环体
            System.out.println("i = "+i);
        }
        System.out.println("循环中断：i = "+i);
    }
```

程序运行结果如下：

```
i=1
i=2
循环中断：i=3
```

当 i%3 为 0 时，符合 if 的条件判断，即执行 break 语句，跳离整个 for 循环。此例中，当 i 的值为 3 时，3%3 的余数为 0，符合 if 的条件判断，离开 for 循环，输出循环结束时循环控制变量 i 的值为 3。

5. continue 语句

continue 语句可以强制程序跳到循环的起始处，当程序运行到 continue 语句时，即会停止运行剩余的循环主体，而是回到循环的开始处继续运行。以图 2-2-6 所示的 for 循环为例，在循环主体中有 continue 语句，当程序执行到 continue，即会回到循环的起点，继续执行循环主体的语句。

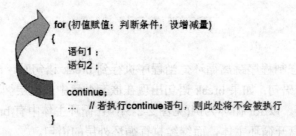

图 2-2-6　for 循环中使用 continue 语句

【实例 2-10】将实例 2-9 中的 break 改为 continue，查看程序执行效果。

```java
public static void main(String args[])
    {
        int i ;
        for(i=1;i<=10;i++)
        {
            if(i%3 == 0)
            continue ; //跳出一次循环
            System.out.println("i = "+i);
        }
        System.out.println("循环中断：i = "+i);
    }
```

程序运行结果如下：

```
i=1
i=2
i=4
i=5
i=7
i=8
i=10
循环中断：i=11
```

当判断条件成立时，break 语句与 continue 语句会有不同的执行方式。break 语句不管情况如何，先离开循环再说；而 continue 语句则不再执行此次循环的剩余语句，直接回到循环的起始处。

2.2.2 实践操作：猜数字游戏的程序设计

1. 实施思路

01 从命令行参数获取第二个乘数和乘法结果；

02 通过 for 循环遍历 0～9 之间的数，查找能使等式成立的数字，如果找到则用 break 跳出循环，否则直到 for 循环执行结束；

03 输出是否查找到符合要求的数字，以及数字的具体值。

2. 程序代码

(1) 使用 for 循环语句实现的代码

```java
public static void main(String[] args) {
    int num1=0;
    int num2 = Integer.parseInt(args[0]);
    int result = Integer.parseInt(args[1]);
    int i;
    for(i =0;i<10;i++)
    {
        if(i * num2 == result)
        {
            num1 = i;
            break;
        }
        if(i<10)
        {
            System.out.println("数字" + num1 +"可以使下面的等式成立：");
            System.out.println("x * " + num2 + " = " + result);
        }
        else
            System.out.println("没有符合要求的数字");
    }
```

(2) 使用 while 循环语句实现的代码

```java
public static void main(String[] args) {
    int num1=0;
    int num2 = Integer.parseInt(args[0]);
    int result = Integer.parseInt(args[1]);
    int i=0;
```

```
while(i<10)
{
    if(i * num2 == result)
    {
        num1 = i;
        break;
    }
    i++;
}
if(i<10) {
    System.out.println("数字" + num1 +"可以使下面的等式成立: ");
    System.out.println("x * " + num2 + " = " + result);
}
else
    System.out.println("没有符合要求的数字");
}
```

▋知识拓展

猜双未知乘数问题

继续拓展猜数字构建等式游戏的程序设计。如果加大游戏难度，两个乘数都为未知数，例如 x * y = 200，通过循环找到所有符合等式的数字，并输出所有符合要求的等式。要求：x 和 y 的取值范围是 10～100。显然单重循环已经不能解决这个问题了，必须使用双重循环，双重 for 循环的格式为:

```
for(…;…;…)
{
    …//语句
    for(…;…;…)
    {
        …//语句
    }
    …//语句
}
```

【实例 2-11】 猜两个乘数的程序设计。

```
public static void main(String[] args) {
    int result = Integer.parseInt(args[0]);
    int count =0;
    System.out.println("可以使得等式:x * y = " + result +"成立的有: ");
    for(int num1 =10;num1<100;num1++)//第一层循环
    {
        for(int num2 = 10;num2 < 100; num2++)//第二层循环
        {
            if((num1 * num2) == result) //能使等式成立
            {
            System.out.println(num1 + " * " + num2 + " = " + result);
            count++;//记录符合要求的表达式的数目
            }
        }
    }
    System.out.println("共有"+ count + "个等式符合要求");
}
```

参数输入 150，程序运行结果如下：

可以使得等式：

```
x*y=150 成立的有:
10*15=150
15*10=150
共有两个等式符合要求
```

巩固训练：计算增长时间问题

1. 实训目的

◎ 熟练掌握上机步骤和程序开发的全过程；

◎ 掌握循环流程控制结构的 while 循环；

◎ 掌握循环流程控制结构的 do-while 循环；

◎ 掌握循环流程控制结构的 for 循环。

2. 实训内容

仿照"任务 2.2"，实现任务：2006 年培训学员 8 万人，每年增长 25%，请问按此增长速度，到哪一年培训学员人数将达到 20 万人。

─────────── 单元小结 ───────────

Java 程序的 3 种结构。

1. 顺序结构

顺序结构表示程序中的各个操作是按照它们在源代码中的排列顺序依次执行。

2. 选择结构

选择结构表示程序的处理需要根据某个特定的条件选择其中的一个分支执行。选择结构有单选、双选和多选 3 种，以及 switch 分支语句。

(1) 单选

```
if(logic expression){
    statement…//单选
}
```

(2) 双选

```
if(logic expression){
    statement…
}
else{
    statement…//双选
}
```

(3) 多选

```
if(logic expression){
    statement…
}
```

```
    else if(logic expression){
    statement…
    }
    …//可以有零个或多个 else-if 语句
    else{//最后的 else 语句可以省略
        statement…
    }
```

(4) switch 分支语句

```
switch(x)
{
    case 60:{System.out.println("及格");break;}
    case 70:{System.out.println("良好");break;}
    …
    case conditionN:{statement(s);break;}
    default:{statement(s);}
}
```

3. 循环结构

循环结构表示程序反复执行某个或某些操作,直到某条件为假(或为真)时才停止循环。共有 3 种形式。

(1) while 循环的语法格式如下:

```
[init_statement]
while(test_expression)
{
    statement;
    [iteration_statement]
}
```

(2) do-while 循环的语法格式如下:

```
[init_statement]
do
{
    statement;
    [iteration_statement]
} while(test_expression);
```

(3) for 循环的基本语法格式如下:

```
for([init_statement];[test_expression];[iteration_statement])
{
    statement;
}
```

──────────────── 单元习题 ────────────────

一、选择题

1. 以下程序段执行后的 K 值为(   )。

```
    int x=20; y=30;
    k=(x>y)?y:x
```

A. 20　　　　　　B. 30　　　　　　C. 10　　　　　　D. 50

2. 关于选择结构，(　　)说法正确。

A. if 语句和 else 语句必须成对出现

B. if 语句可以没有 else 语句对应

C. switch 结构中每个 case 语句后必须用 break 语句

D. switch 结构中必须有 default 语句

3. 在 Java 中，(　　)关键字用来终止循环语句。

A. return　　　　B. continue　　　　C. break　　　　D. exit

4. 下列选项中，不属于 Java 关键字的是(　　)。

A. import　　　　B. malloc　　　　C. extends　　　　D. new

5. switch 语句中表达式的值必须是(　　)。

A. 整数型或小数型　　　　　　B. 整数型或逻辑型

C. 整数型或字符型　　　　　　D. 循环型或整数型

6. 下列不属于条件控制语句的是(　　)。

A. for 语句　　　　B. if 语句　　　　C. if-else 语句　D. if 语句的扩充形式

7. while 循环和 do-while 循环的区别是(　　)。

A. 没有区别，这两个结构任何情况下效果一样

B. while 循环比 do-while 循环执行效率高

C. while 循环是先循环后判断，所以循环体至少被执行一次

D. do-while 循环是先循环后判断，所以循环体至少被执行一次

二、填空题

1. Java 中常用的循环结构有_____、_____和_____3 种。

2. Java 中有两种类型的控制语句，即 if 和_____。

3. 在同一个 switch 语句中，case 后的_____必须互不相同。

4. Java 语言的控制语句有 3 种类型，即_____、循环语句和转移语句。

5. 设 x = 2，则表达式 (x + +)／3 的值是_____。

6. 在 switch(表达式)中，表达式的类型可以是_____、_____、_____、_____类型。

三、程序分析题

1.
```
int i=1,j=10;
do{
    if(i++>--j) continue;
}while(i<5);
```

最终 i 和 j 的值分别是多少？

2.
```
int i=1,j=10;
do{
    if(i++>--j) continue;
}while(i<5);
```

最终 i 和 j 的值分别是多少？

3. "short s1 = 1; s1 = s1 + 1;" 有什么错? "short s1 = 1; s1 += 1;" 有什么错?

4. 下列代码哪几行会出错?

```java
public void modify() {
int I, j, k;
I = 100;
while (I > 0) {
j = I * 2;
System.out.println(" The value of j is " + j);
k = k + 1;
I--;
}
}
```

四、程序填空题

1. 补充完整以下程序,实现从键盘输入某名同学 5 门课的期末考试成绩并求平均分。

```java
int score[ ]=new int[5];
int sum=0;
Scanner scanner=new scanner(system.in);
   For(int i=0;_____;i++)
      {
         Score[i]=i++);
         Sum=sum+score[i];
      }
         Double avg=sum/5;
         System.out.println(avg);
```

2. 补充完整以下程序,实现某同学 Java 成绩大于 90 分,而且音乐成绩大于 80 分,父母奖励他;或者 Java 成绩等于 100 分,音乐成绩大于 70 分,父母也可以奖励他。

```java
int score1=100;  //Java 成绩
int score2=72;   //音乐成绩
 if(_____)
    {
       System.out.println("父母说: 不错, 给你买个小汽车");}
```

五、简答题

1. Java 有哪些基本数据类型? 什么是复合数据类型? 对于这两种类型的变量, 系统的处理有什么不同?

2. Java 中有哪些类型的程序流程控制语句?

3. switch 语句和 if 语句可以相互转换吗? 使用 switch 语句的优点是什么?

六、程序题

1. 判断 101~200 之间有多少个素数, 并输出所有素数。

2. 编写程序,有 1、2、3、4 共 4 个数字,能组成多少个互不相同且无重复数字的三位数? 都有哪些? 程序分析: 可填在百位、十位、个位的数字都是 1、2、3、4,组成所有的排列后再去掉不满足条件的排列。

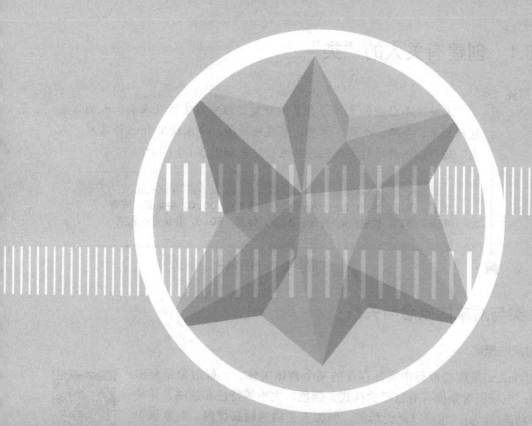

单元 3

Java 类与对象

1. 理解类和对象的概念以及两者之间的关系
2. 掌握类的结构和定义过程
3. 掌握对象的创建过程
4. 掌握类中方法的定义和使用
5. 掌握构造方法的定义和意义
6. 理解方法重载的思想
7. 掌握方法重载的实现方式和特征

8. 能够分辨出变量作用域的范围并正确使用变量
9. 理解类的封装意义
10. 掌握类的封装实现步骤
11. 掌握各种访问修饰符的访问范围
12. 能够准确使用访问修饰符控制对象使用

任务 3.1　创建有关人的"类"

任务描述 ☞

　　人是这个社会的主体，在系统开发过程中经常涉及人类。人的信息包括姓名、年龄、性别、体重、家庭地址等。要求使用 Java 语言对"人类"进行描述并进行实例化。其运行结果如图 3-1-1 所示。

```
Console ✕
<terminated> Task1 [Java Application] C:\Program Files\Java\jre6\bin\javaw.exe (2012-11-16 下午10:34:17)
我是：张三，性别：m，今年：25岁，体重：100.0，住址是：济南
我是：李四，性别：w，今年：30岁，体重：80.0，住址是：北京
```

图 3-1-1　运行结果

3.1.1　类与对象的概念与关系

1. 对象的概念

　　对象(Object)是现实世界中实际存在的某个具体实体。一般对象是有形的，例如，电视机对象拥有着自己的样式、颜色、大小等特征和放映、开关和设置等功能(行为)；也可以是无形的，例如五子棋的输赢规则。对象包含特征和行为，特征指对象的外观、性质、属性等；行为指对象具有的功能、动作等。而面向对象技术中的对象就是这些实际存在实体在程序实现中的映射和体现。

类对象介绍

2. 类的基本概念

　　人类在认识客观世界时，习惯于把众多的事物进行归纳、划分和分类。把具有相同特征及相同行为的一组对象称为一类对象(Class of Object)，同时分类原则是抽象，那么面向对象技术中的类是同种对象的集合与抽象。例如，家用轿车、公交车、货车等都属于汽车的范畴，并且通过比较总结等抽象思维方式可以发现不同的车之间存在着共同特点。因此为了能够方便地了解和描述这些实际存在的实体，在面向对象技术中定义了类这个概念来对所有对象提供统一的抽象描述，其内容包括属性和方法两个主要部分。在面向对象的编程语言中，类是一个独立的程序单位。

3. 类与对象的关系

　　类表示一个有共同性质的对象群体，而对象指的是具体的实实在在的物体。类与对象的关系就如模具和铸件的关系，类是创建对象的模具，而对象则是由类这个模具制作出来的铸件；同时类又是由一组具有共同特性的对象抽象得到的。类与对象的关系如图 3-1-2 所示。

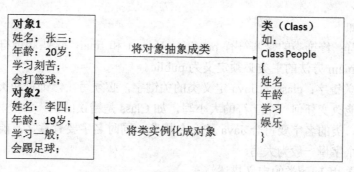

图 3-1-2 类与对象的关系

注 意

认识类与对象的关系是面向对象程序设计思想的第一步。类是由对象抽象出来的，对象是由类实例化得到的。

很多学员会产生疑问：到底是先有类还是先有对象？其实这是问题就像鸡和蛋的关系一样并没有最正确答案，关键是看你自己理解类和对象关系时哪一种更能说服自己。这里我的经验是：先有类后有对象，定义类的最终目的是要使用这些类，而使用类的最主要方式就是创建并操作类创建出来的对象。

3.1.2 类的定义

Java 是一种面向对象程序设计语言，任何一个 Java 程序都是以类的形式存在，设计程序的过程首先就需要从现实问题中找出可实现的类，并用 Java 语句进行定义。类是一个独立的单位，它有一个类名，其内部包括成员变量，用于描述属性；还包括类的成员方法，用于描述行为。因此，类也被认为是一种抽象数据类型，这种数据类型不但包括数据，还包括方法。

1. 类的格式

类是通过关键字 class 来定义的，在 class 关键字后面加上类的名称，这样就创建了一个类。在类里面可以定义类的成员变量和方法。类的定义格式如下：

```
[修饰符] class 类名 {
    //定义属性部分
    成员变量 1;
    …
    成员变量 n;
    //定义方法部分
    方法 1;
    …
    方法 n;
}
```

相关解释如下。

(1) 修饰符：修饰类的修饰符有 public、abstract 和 final，这些修饰符将在后面的任务中介绍。包含 main 方法的主类必须定义为 public。

(2) class 关键字：class 为 Java 定义类的关键字，必须写在修饰符和类名中间，用空格隔开，并且不能改变任何一个字符的大小写，如 Class 是错误的。

(3) 类名：类的名字要符合 Java 的命名规范，同时名字要有意义，能够反映出这个类的内容，第一个字母一般为大写。

【实例 3-1】用 Java 类的定义描述汽车。

```java
public class Car {
    String color;    //颜色
    int count;       //容纳人数
    String bound;    //汽车品牌
    float weight;    //重量
}
```

注　意

如果你有 C++编程经验请注意，类的声明和方法的实现要存储在同一个地方并且不能被单独定义。由于所有类的定义必须全部在一个源文件中，这有时会生成很大的.java 文件。在 Java 中，有了这个设计特征，在一个地方声明、定义以及实现类将使代码更易于维护。

2. 类的成员变量和方法

类的成员变量是用来描述属性信息的，因此大部分成员变量是以名词的形式出现，如姓名、颜色、大小等。类的成员变量一般是简单的数据类型，也可以使用对象、数组等复杂数据类型。成员变量的声明格式如下：

[修饰符] 数据类型 成员变量名 [=初值];

例如：

public String name = "Jack"; int age = 10;

成员变量的修饰符包括 public、private、protected、static 和 final，通过这些修饰符可保证成员变量的被访问范围以及创建的过程。例如，public 表示该成员变量可以被自己和其他类访问，而 static 表示静态变量，创建过程不需要实例化对象。

类的方法又被称为成员方法(函数)，用来描述动作、行为和功能，因此大部分方法是以动词形式出现，如吃、学习、启动等。方法包括方法名、方法返回值、方法参数 3 个要素，以及修饰符和一段用来完成某项动作或功能的方法体。

3.1.3　创建对象

1. 创建对象的格式

类是对象的模板，对象是由类实例化得到，这是创建对象的依据。类也是数据类型，可以使用这种类型来创建该种类型的对象，而 Java 提供的关键词为 new。格式为：

```
类名  对象名 = new  类名（[参数 1，参数 2…]）；
```

例如，在实例 3-1 中，已创建 Car 类，下面定义由类产生对象的语句：

```
Car truck;          //声明一个 Car 类的对象 truck
truck = new Car(); //用 new 关键字实例化 Car 类并赋值给 truck
```

由上面例子得知，创建属于某类的对象，可以通过两个步骤来实现：

01 声明该类类型的一个变量，实际上它只是一个能够引用对象的简单变量。

02 利用 new 创建对象，并指派给先前所创建的变量。即在内存中划分一块区域存放创建出来的对象，并把该内存空间指向对象的引用。

当然也可以把声明和实例化的过程通过一个语句完成，这种形式为：

```
Car truck = new Car();
```

对象实例化的过程在内存中的存在形式如图 3-1-3 所示。

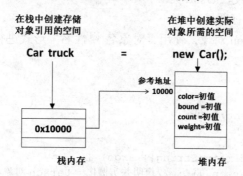

图 3-1-3 对象实例化过程的内存创建示意图

2. 对象的使用

创建类的对象目的是为了能够使用在这个类中已经定义好的成员变量和成员方法。通过使用运算符"**.**"，对象可以实现对自己变量的访问及对自己方法的调用。

对象访问格式如下：

```
对象名.成员变量名；                  //变量访问
对象名.成员方法名([参数 1,参数 2…])；     //方法访问
```

例如，创建两个实例 3-1 中的 Car 对象，对象名分别为 truck、bus，然后对这两个对象进行属性赋值。

```
Car truck = new Car();
truck.color="黑色"; truck.count =3;
truck.bound="黄河"; truck.weight=12.5f;
Car bus = new Car();
bus.color ="红色"; bus.count =50;
bus.bound="宇通"; bus.weight=8.5f;
```

truck 与 bus 各自占有一块内存空间，有自己的属性值，所以 truck、bus 不会互相影响。这也就是说由一个类实例化出的对象相互间没有直接的关系，各自都有着独立的存储空间，修改自己的属性是不会影响到其他对象的，如图 3-1-4 所示。

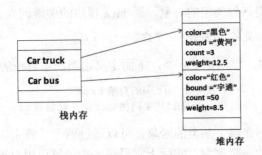

图 3-1-4 由 Car 类实例化得到的 truck 和 bus 对象内存分配图

3.1.4 实践操作：描述"人类"信息程序设计

1. 实施思路

01 打开 Eclipse，创建 Person 类；

02 在类大括号内进行属性定义；

03 利用创建的 Person 对象，使用"对象名.属性名"形式进行赋值，并输出对象的各个属性值。

2. 程序代码

```
package com.soft.ght;//包名
public class Person {
    //省略属性声明
public static void main(String[] args) {
Person p1 = new Person () ; //声明并实例化一 Person 对象 p1
Person p2 = new Person () ;  //声明并实例化一 Person 对象 p2
    //给 p1 的属性赋值
    p1.name = "张三" ;
    p1.age = 25 ;
    p1.address="济南";
    p1.sex='m';
    p1.weight=100;
    //给 p2 的属性赋值
    p2.name = "李四" ;
    p2.age = 30 ;
    p2.address="北京";
    p2.sex='w';
    p2.weight=80;
    //省略输出语句
    }
}
```

▍知识拓展

创建 PersonTest 测试类

任务中对类 Person 的测试是在类中的 main()方法中进行的。但在实际的项目中，每一个有含义的类都要单独存在，而测试使用的 main()方法也应当放在一个单独的类中。对上面的任务进行拓展，要求新建一个 PersonTest 测试类，对类 Person 进行测试。每个类单独为一个源代码文件。

```
package com.soft.ght;//包名
public class Person {
    //省略属性声明
}
public class PersonTest {
    public static void main(String[] args)
    { //声明并实例化一 Person 对象 p1
      Person p1 = new Person () ;
       //声明并实例化一 Person 对象 p2
      Person p2 = new Person () ;
       //省略给 p1 的属性赋值
       //省略给 p2 的属性赋值
       //省略输出语句
    }
}
```

运行结果如下所示：

我是：张三，性别：m，今年：25 岁，体重：100.0，住址是：济南
我是：李四，性别：w，今年：30 岁，体重：80.0，住址是：北京

巩固训练：编写一个手机类

1. 实训目的

◎　掌握类的定义；
◎　掌握创建类对象的方法；
◎　掌握使用对象的步骤。

2. 实训内容

编写一个手机类，其中属性包括手机品牌、手机型号；方法包括显示手机信息，并编写测试类进行对象创建。

任务 3.2　借书卡程序实现

任务描述 ☞

借书卡是学生日常生活的重要组成部分。每张借书卡信息包含账号、持卡人姓名、身份证号码、地址、已借书数、可借书数、本次借书数、本次还书数，方法有借书、还书和查询。要求根据持卡人不同操作，显示不同信息。当借书操作后，显示本次借书数及已借书数；当还书操作时，显示本次还书数和已借书数。其运行结果如图 3-2-1 所示。

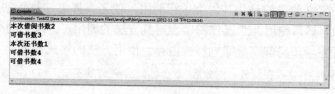

图 3-2-1　运行结果

3.2.1　类的方法

1. 定义类的方法

类中的方法又称为成员方法或成员函数，用来描述类所具有的功能和操作，是一段完成某种功能或操作的代码段。方法定义的格式如下：

类属性介绍

[访问修饰符]< 修饰符 >返回值类型 方法名称 （[参数列表]）{方法体}

相关解释如下。

(1) 返回值类型：表示方法返回值的类型。如果方法不返回任何值，它必须声明为void(空)。对于不返回 void 类型的方法，必须使用 return 语句。方法返回值类型必须与 return 语句后面的表达式数据类型一样。例如，方法中含有语句 "return "Java";"，那么方法的返回值类型必须是 String 类型。

(2) 方法名称：方法名称可以是任何 Java 合法标识符，一般要求名字要有意义，并且首字母小写。例如，定义一个获得姓名的方法名，可以写作 getName()。

(3) 参数列表：参数是方法接收调用者信息的唯一途径，Java 允许将参数值传递到方法中。多个参数用逗号分开，每一个参数都要包含数据类型和参数名。方法中的参数一般称为形式参数(简称形参)，而由调用者传入的参数称之为实际参数(简称实参)。

注　意

(1) 形参和实参的类型必须要一致，或者要符合隐含转换规则。

(2) 形参类型不是引用类型时，在调用该方法时，是按值传递的。在该方法运行时，形参和实参是不同的变量，它们在内存中位于不同的位置，形参将实参的值复制一份，在该方法运行结束的时候形参被释放，而实参内容不会改变。

(3) 形参类型是引用类型时，在调用该方法时，是按引用传递的。运行时，传给方法的是实参的地址，在方法体内部使用的也是实参的地址，即使用的就是实参本身对应的内存空间，所以在函数体内部可以改变实参的值。

【实例 3-2】定义一个加法方法，功能是将两个输入的整数操作数相加的结果作为方法的返回值。

```
public int addOperate(int op1,int op2) {//声明方法，返回值为 int 型
    return op1+op2;//return 后面的表达式结果是 int 类型
}
```

2. 使用类的方法

方法定义的目的是让其他类进行调用，使之发挥方法执行的功能。方法使用前必须先创建对象，然后使用 "." 操作符实现对其方法的调用，方法中的局部变量被分配内存空间，方法执行完毕，局部变量即刻释放内存。使用方法的格式如下：

[数据类型 接收变量名=]对象名.方法名([实参 1,实参 2,…]);

如果两个方法在同一类中，可以直接使用该方法名字进行调用。使用 static 修饰的静态

方法有点特殊，静态方法的调用无须定义对象，可以通过类名直接使用。格式如下：

> [数据类型 接收变量名=]类名.方法名([实参 1,实参 2,…]);

【实例 3-3】计算立方体的体积程序设计。

```
public class Box {
public int calVolume1 (int width,int height,int depth) {//声明方法
        return (width * height * depth);
    }
public static int calVolume2 (int width,int height,int depth) {//声明方法
        return (width * height * depth);
    }
}
public class Main {
    public static void main(String[] args){
        Box b1=new Box ();
    int volume=b1.calVolume1(10,20,50);//使用对象.方法名调用
    int volume1=Box.calVolume2(10,20,50);//使用类名.方法名调用
    }
}
```

语句"int volume=b1.calVolume1(10,20,50);"表示由对象 b1 调用了方法 calVolume1 并传入了 10、20、50 三个实际参数。

注　意

方法调用的目的是执行方法的功能，若方法执行完毕并有返回值，那么这个返回值则相当重要，但是方法执行完毕后并不会自动保存返回值，因此我们需要使用一个变量来存储方法的返回值。变量的数据类型与方法的返回值类型相同。

3.2.2　构造方法

每次创建实例变量时，对类中的所有变量都初始化是很乏味的。如果在一个对象最初被创建时就把对它的设置做好，程序将更简单并且更简明。Java 允许对象在创建时进行初始化，初始化的实现是靠构造函数来完成的。

创建类的对象时，使用 new 关键字和一个与类名相同的方法来完成，这个方法是在实例化过程中被调用的，称之为构造方法。构造方法区别于普通的方法，有几个明显的特点：

(1) 它的名字必须与它所在的类的名字完全相同。

(2) 不返回任何数据类型，也不需要使用 void 声明。

(3) 它的作用是创建对象并初始化成员变量。

(4) 在创建对象时，系统会自动调用类的构造方法。

(5) 构造方法一般都用 public 来声明，这样才能在程序任意位置创建对象。

(6) 每个类至少有一个构造方法。如果不写构造方法，Java 将提供一个默认的不带参的方法体为空的构造方法。

构造方法定义格式如下：

```
[访问权限] 类名称([[参数1,参数2,…]){
        //程序语句;
        //构造方法没有返回值
}
```

注 意

如果类中显性地定义了构造方法，那么系统不再提供默认的不带参的方法体为空的构造方法。若对一个已完成的程序进行扩展，因某种需要而添加了一个类的构造方法，由于很多其他类原先使用默认构造方法，这势必会导致找不到构造方法的错误。解决的方法就是把默认的构造方法显性地写出来。

当构造方法定义完毕后，就可以通过创建对象来对属性进行初始化操作。一般情况下需要结合 new 实例化操作，使用传递实参的形式进行。

【实例3-4】使用构造方法对 Person 类的两个属性进行初始化，并打印各个对象的属性值。

```
public class Person
{
    String name;
    int age;
    public Person(){//默认的构造方法需要显性地写出来
     }
    public Person(String myName,int myAge){//带参数的构造方法用于初始化属性
        name= myName;
        age= myAge;
    }
}
public class TestNewPerson {
        public static void main(String[] args){
        //通过new操作传入实参来实现属性的初始化和对象的实例化
        Person p1=new Person ("张三",20);
        Person p2=new Person ("李四",30);
        System.out.println("我是: "+p1.name+", 今年: "+p1.age+"岁");
        System.out.println("我是: "+p2.name+", 今年: "+p2.age+"岁");
    }
}
```

程序运行结果如下：

我是：张三，今年：20岁
我是：李四，今年：30岁

3.2.3 方法重载

方法重载是指多个方法享有相同的名字，但是这些方法的参数必须不同，如参数的个数不同，参数类型不同，参数的顺序不同等。当一个重载方法被调用时，Java 根据参数的类型或数量来找到实际调用的重载方法。

参数不同是区分重载方法的关键因素，参数不同主要包括以下方面的不同：

(1)　参数类型不同。例如：

```
public void method(String s);
public void method(int s);
```

(2)　参数个数不同。例如：

```
public void method(String s,int i);
public void method(String s);
```

(3)　参数顺序不同。例如：

```
public void method(String s,int i);
public void method(int i,String s);
```

注　意

参数顺序不同的情况中一定要注意指的是参数全体，而不是简单的参数名，参数名在参数中其实没有实际意义，只是一个代号。例如：

```
public void method(String s,int i);
public void method(String i,int s);
```

这是不属于顺序不同的，因为只是互换了参数的名字，参数的类型并没有互换。

【实例 3-5】求圆形的面积，要求用户输入任何类型的数据后都能得到最终的面积值。

```
public class MethodOverloading {
    final float PI=3.14;
    double calArea(double r) {
        return PI * r * r;
    }
    float calArea (float r) {
        return PI * r * r;
    }
    float calArea(int r) {
        return PI * r * r;
    }
    float calArea (String r) {
        float i=Float.parseFloat(r);
        return PI * i * i;
    }
}
public class Main {
    public static void main(String args[]) {
    MethodOverloading mo = new MethodOverloading();
    System.out.println("面积是: "+mo.calArea(10));//调用参数为 int 的方法
    System.out.println("面积是: "+mo.calArea(9.5));//调用参数为 double 的方法
    System.out.println("面积是: "+mo.calArea(8.5f));//调用参数为 float 的方法
    System.out.println("面积是: "+mo.calArea("10"));//调用参数为 string 的方法
    }
}
```

可以发现方法重载的主要目的是为了满足在不同输入的情况下依然可以得到相同或相似的处理。这在编程上有些麻烦，但是其使用性和灵活性得到了加强。重载由于实现了 Java 在编译时的方法的多种状态，所以有时也称为静态多态。

在 Java 里，不仅普通方法可以重载，构造方法也可以重载。构造方法的重载是为了让实例化对象和初始化变量更为方便。

【实例3-6】利用构造函数重载创建对不同变量初始化的对象。

```java
public class Rectangle {
    double width;
    double length;
    Rectangle (){ //直接初始化数值
        width = 1;
        length=5;
    }
    Rectangle (double x){//把两个变量初始化为相同传入值
        width = x;
        length =x;
    }
    Rectangle (double w,double len) {//分别对两个属性初始化不同的值
        width = w;
        length=len;
    }
    public void prnt(){
    //省略方法体;
}
}
public class ConstructOverLoad {
    public static void main(String args[]) {
    Rectangle Rectangle1 = new Rectangle (10,20);
    Rectangle Rectangle2 = new Rectangle ();
    Rectangle Rectangle3 = new Rectangle(7);
            //省略其他语句
    }
}
```

在实例中有 3 个 Rectangle 构造函数，当 new 执行时根据指定的参数类型和数量调用适当的构造函数。

3.2.4 变量的作用域

变量的作用域

变量声明的位置决定变量作用域。Java 变量的范围有 4 个级别：类级、对象实例级、方法级、块级。

◎ 类级变量又称全局级变量，在对象产生之前就已经存在，即用 static 修饰的属性。

◎ 对象实例级，就是属性变量。

◎ 方法级，就是在方法内部定义的变量，即局部变量。

◎ 块级，就是定义在一个块内部的变量，变量的生存周期就是这个块，出了这个块就消失了，比如 if、for 语句的块。

【实例3-7】变量作用域演示程序设计。

```java
public class TestVariable {
    private static String name = "类级";      //类级
    private int i;        //对象实例级
    {                     //属性块，在类初始化属性时运行
        int j = 3;        //块级
    }
    public void test1() {
```

```
            int j = 4;       //方法级
            if (j == 4) {
                int k = 5;  //块级
            }
            //这里不能访问块级的变量，块级变量只能在块内部访问
            System.out.println("name=" + name + ",i=" + i + ",j=" + j);
        }
        public static void main(String[] args) {
            TestVariable t = new TestVariable();
            t.test1();
            TestVariable t2 = new TestVariable();
        }
    }
```

程序运行结果如下：

name=类别,i=0,j=4

若局部变量与类的成员变量同名，则类的成员变量被隐藏。下面的例子说明了局部变量 z 和类成员变量 z 的作用域是不同的。

【实例 3-8】同名变量作用域测试程序设计。

```
public class Variable {
    int x = 0, y = 0, z = 0;//类的成员变量
    void init(int x, int y) {
        this.x = x;
        this.y = y;
        int z = 3; //局部变量
        System.out.println("** in init**" + "x=" + x + " y=" + y + " z=" + z);
    }
}
public class VariableTest {
    public static void main(String args[]) {
        Variable v = new Variable();
        System.out.println("**before init**" + "x=" + v.x + " y=" + v.y +
"
            z="+ v.z);
        v.init(10, 15);
        System.out.println("**after init**" + "x=" + v.x + " y=" + v.y + "
            z="+ v.z);
    }
}
```

程序运行结果如下：

```
**before init**x=0 y=0 z=0
** in init **x=10 y=15 z=3
**after init**x=10 y=15 z=0
```

3.2.5　定义包和导入包的关键字

Java 为了便于管理各种类，将多个具有类似功能的类方法组成一个组，这个组就称为包(package)。伴随着包的出现，同时解决了命名冲突、引用不方便、安全性等问题。程序员在协同编写程序时，很多时候完全不知道别人使用的类名，如果使用了相同的类名则会产生冲突；若使用包的机制，即使不同包中有两个同名文件也不会冲突，类似于不同文件夹下允许建立相同名称的文件。

1. 定义包

Java 通过关键字 package 来定义包。package 语句作为 Java 源文件的第一条语句，指明该源文件定义的类所在的包。格式如下：

```
package 包名
```

相关解释如下。

(1) 包名的命名规范是若干个标识符加 "." 分隔而成。例如：

```
package com.cn.can;
```

(2) Sun 公司建议使用公司域名倒写顺序来定义包，然后加入子包。例如，某公司的域名为 ican.com，那么包名为 com.ican。

2. 使用包

如果几个类分别属于不同的包，为了能够使用某一个包的成员，需要在 Java 程序中使用 import 关键字导入该包。格式如下：

```
import  package1[.package2.(classname|*)];
```

相关解释如下。

(1) Java 源文件中 import 语句应位于 package 语句之后，所有类的定义之前。

(2) *操作符表示导入包中所有的类。

(3) 使用 Eclipse 等开发工具编程时，工具会及时提醒需要导入的包。

(4) 导入的包可以是 Java 类库中的包或类，也可以是自定义的包和类。

注 意

为了方便，很多时候会使用*关键字来导入整个包，这样会增加编译时间——特别是在引入多个大包时。因此明确想要用到的类而不是引入整个包是一个好的方法。星号形式导入整个包，可能会增加编译时间，但对运行时间、性能和类的大小没有影响。

3.2.6 实践操作：图书借阅卡程序

1. 实施思路

Java 中的方法描述了类的行为。本任务中的行为有借书、还书和查询。在 BookCard 类分别定义了 3 个方法： borrow(int)，TheReturn(int)，query()。

01 打开 Eclipse，创建 BookCard 类；

02 在类大括号内进行属性定义；

03 在类的大括号内定义 3 个方法，表示借书、还书和查询；

04 在 BookCard 类的 main 方法中，创建一个 BookCard 类的对象；

05 利用创建的 BookCard 对象，用 "对象名.方法" 的形式调用方法，完成具体的功能；

06 运行程序。

2. 程序代码

```java
package com.ght.soft;
public class BookCard {
    //省略属性赋值，属性有：账号、持卡人姓名、已借书数、可借书数
    public void borrow(int cash) {
        if (Remain >= cash) {
            Remain = Remain - cash;
            //省略输出语句
        }
    }
    public BookCard() {
    }
    public BookCard(String cardnum, String name, String idname, int
        borrowsnum,int returnnum, int remain) {
        //省略属性赋值语句
    }
    public void TheReturn(int cash) {
    Remain = Remain + cash;
        //省略输出语句
    }
    public void query() {
        System.out.println("可借书数" + Remain);
    }
}
public class Task02 {
    public static void main(String[] args) {      //程序的入口
        BookCard wang = new BookCard();            //创建类的对象
        //省略属性赋值语句
        wang.query();
    }
}
```

■ 知识拓展

Java 中 boolean 的使用

　　一般方法都是需要有返回值的，并且调用方法后都需要使用返回值进行下一步的操作，即使一些方法没有明显的返回值，也可以使用 boolean 类型作为返回值来说明方法执行完毕与否。下面对任务进行扩展，让 borrow(int)、TheReturn(int)方法都具有返回值，现在改为正确借书、还书后，返回 true，否则返回 false。

```java
public class Bookcard2 {
    //省略属性赋值
    public boolean borrow(int cash) {
        if (Remain >= cash) {
            Remain = Remain - cash;
            System.out.println("本次借阅书数" + cash);
            System.out.println("可借书数" + Remain);
            return true;
        }
        return false;
    }
    public boolean TheReturn(int cash) {
        if (cash > 0) {
            Remain = Remain + cash;
            return true;
```

```
            }
            System.out.println("本次还书数" + cash);
            System.out.println("可借书数" + Remain);
            return false;
        }
        public void query() {
            System.out.println("可借书数" + Remain);
        }
    }
    public static void main(String[] args) {    //程序的入口
    BookCard wang = new BookCard();             //创建类的对象
    //省略属性赋值语句
    if(wang.borrow(1)){
    wang.query();
    }
    if(wang. TheReturn(1)){
    wang.query();
    }
    }
```

巩固训练：电表显示程序

1. 实训目的

◎　掌握类的方法定义和使用；

◎　掌握定义包和导入包；

◎　掌握变量作用域；

◎　掌握注释使用方法。

2. 实训内容

编写一个程序，实现设置上月电表读数、设置本月电表读数、显示上月电表读数、显示本月电表读数、计算本月用电数、显示本月用电数、计算本月用电费用、显示本月用电费用等功能。

任务 3.3　Java 程序中类的组织

任务描述 ☞

在现实生活中，人的年龄和体重都不能小于 0；更恐怖的是，如果忘记给名字赋值，就会成为无名氏。要求使用封装完成对属性的控制，当年龄输出错误时进行提示。

运行结果如图 3-3-1 所示。

```
Console 23
<terminated> Task3 [Java Application] C:\Program Files\Java\jre6\bin\javaw.exe (2012-11-25 下午09:12:27)
年龄出错,改为默认值:25
我是: 张三, 性别: m, 今年: 25岁, 住址是: 济南
我是: 李四, 性别: w, 今年: 30岁, 住址是: 北京
```

图 3-3-1　运行结果

3.3.1　封装

1. 封装的概念

封装是 Java 面向对象的一种特性，也是一种信息隐蔽技术。它有两个含义：一是指把对象的属性和行为看成一个密不可分的整体，将这两者"封装"在一个不可分割的独立单位(即对象)中。另一层含义指"信息隐蔽"，把不需要让外界知道的信息隐藏起来：如有些对象的属性及行为允许外界用户知道或使用，但不允许更改；而另一些属性或行为则不允许外界知晓；或只允许使用对象的功能，而尽可能隐蔽对象的功能实现细节。

2. 如何实现封装

Java 中的封装不是为了做一个完全不能对外开放的类，这种类也没有任何存在意义。封装只是为了对类中的属性更好地进行控制，因此要实现封装需要属性私有化，这样可以保证属性不会被其他类改动。然后使用公有方法把私有的属性暴露出去，在方法中对属性进行有效读写控制，也把这些方法称为访问器。封装的实现需要提供 3 项内容。

(1) 一个私有的属性(变量)，使用 private 来声明私有变量。例如：

```
private String name;
```

(2) 一个公有的读操作访问器，使用 getter 方法来完成。例如：

```
public String getName(){ //方法体 }
```

(3) 一个公有的写操作访问器，使用 setter 方法来完成。例如：

```
public void setName(String name){ //方法体 }
```

【实例 3-9】使用封装技术模拟学生借书的过程，要求学生最多只能借 10 本书。学生类中只有一个整数型变量 count，为书的数量，对 count 设置时不能大于 10，获得 count 值时不能获得一个负数。

```
public class Student {
    private int count;
    public void setCount(int myCount) {
        if(myCount<0 && myCount>10)
            System.out.println("设置错误");
        else
            count= myCount;
    }
    public int getCount() {
        if(count<=0){
          System.out.println("获取错误");
          return 0;
        }else{
          return count;
          }
    }
}
public class TestStudent {
    public static void main(String args[]){
        Student s=new Student();
        s.setCount(11);
        s.setCount(5);
```

```
        int count=s.getCount();
        System.out.println("Count 的值是: "+count);
        s.setCount(0);
        count=s.getCount();
        System.out.println("Count 的值是: "+count);
    }
}
```

程序运行结果如下:

设置错误
设置错误
Count 的值是 5
获取错误

┌─ **提 示** ───┐

　　对于什么时候需要封装,什么时候不用封装,并没有一个明确的规定,不过从程序
设计角度来说,设计较好的类属性都需要封装。要设置或取得属性值,则只能用
setXxx()、getXxx()方法,这是一个明确且标准的规定。

└──┘

3.3.2　Java 的修饰符

在定义类中成员变量和成员方法时,都会使用一些修饰符来做出某些限制。修饰符分
为访问控制修饰符和非访问控制修饰符。访问控制修饰符是来限定类、属性或方法在程序
其他地方访问和调用权限的,包括 public、private、protected 等。Java 的非访问修饰符包括
static、final、abstract、native、volatile、synchronized 等。

(1) public 修饰符

public 修饰符表示公有,可以修饰类、属性和方法。如果成员使用了 public 修饰符,则
可以被包内其他类、对象以及包外的类和对象方法使用。

 ┌─ **注　意** ──────────────────────────────────────┐

　　每个 Java 程序的主类都必须是 public 类。若在一个 Java 源文件中定义了多个
类,只能有一个类是公有类。一般的构造方法都会使用 public 来修饰。

└──┘

(2) private 修饰符

private 修饰符只能修饰成员变量和成员方法。使用 private 声明的变量和方法,只能由它
所在类本身使用,其他的类和对象无权使用该变量和方法。封装就是利用了这一特性让属性
私有化。如果一个类的构造方法声明为 private,则其他类不能生成该类的一个实例。

(3) protected 修饰符

protected 修饰符表示受保护,只能用来修饰成员变量和成员方法,不能修饰类。受保
护的变量和方法的访问权限被限制在类本身、包内的所有类和定义它的类派生出的子类(可
以在同一个包中,也可以在不同包中)范围内。

(4)　默认(friendly)修饰符

如果一个类、方法或变量名前没有使用任何修饰符，就称这个成员所拥有的是默认的修饰符。使用默认修饰符的成员可以被这个包中的其他类访问，即称之为包访问特性。friendly 并不是 Java 的关键字，只是对默认修饰符的一种字符形式上的定义，一般不会出现在程序中。

各修饰符的访问范围如表 3-3-1 所示。

表 3-3-1　修饰符的访问范围

被访问范围	public	protected	默认修饰符	private
类本身	√	√	√	√
包内，子类	√	√	√	
包内，非子类	√	√	√	
包外，子类	√	√		
包外，非子类	√			

Java 提供了许多非访问修饰符来实现许多其他功能。

◎　static 修饰符用于创建类方法和变量。

◎　static 关键字用于创建独立于类实例的变量。无论类的实例数有多少个，都只存在一个静态变量副本。静态变量也称为类变量。局部变量不能声明为 static。

◎　final 修饰符用于完成类，方法和变量的实现。

◎　final 变量只能显式地初始化一次，声明为 final 的引用变量永远不能重新分配以引用不同的对象。但是，可以更改对象内的数据。因此，可以更改对象的状态，但不能更改引用。对于变量，final 修饰符通常与 static 一起使用，以使常量成为类变量。

◎　abstract 修饰符用于创建抽象类和方法。抽象(abstract)类不能实例化。如果一个类声明为抽象(abstract)，那么唯一的目的是扩展该类。一个类不能是同时是 abstract 和 final(因为 final 类不能被扩展)。如果一个类包含抽象方法，那么该类应该被声明为 bstract；否则，将抛出编译错误。

◎　native 是在 Java 中引入的关键字，是仅适用于方法的修饰符，但不适用于变量和类。

◎　synchronized 和 volatile 修饰符用于线程。synchronized 关键字用于指示一次只能访问一个方法的方法。synchronized 修饰符可以应用于 4 个访问级别修饰符中的任何一个。volatile 修饰符用于让 JVM 知道访问变量的线程必须始终将自己的变量私有副本与内存中的主副本合并，访问 volatile 变量会同步主内存中变量的所有缓存复制。volatile 只能应用于实例变量，类型为 private。 volatile 对象引用可以为 null。

【实例 3-10】访问权限实例。在一个类中声明 4 种不同访问权限的方法，然后分别在包内和包外对这 4 个方法进行访问。

```
package cn.can.SL2_10;
public class VisitP {
    private void priMethod(){
    }
```

```
    protected void proMethod(){
    }
    public void pubMethod(){
    }
    void friMethod(){
    }
}
```

相关解释如下。

(1) private void priMethod()访问权限为私有权限，只能在类 VisitP 中使用。

(2) protected void proMethod()访问权限为受保护，能被类本身和定义它的类的子类访问。

(3) public void pubMethod()访问权限为公有，可以被任何类使用。

(4) void friMethod()访问权限为默认(友好)，可以被与定义它的类在同一包中的所有类使用。

3.3.3 实践操作：使用包来进行 Java 程序中类的组织

1. 实施思路

本任务中使用包来进行 Java 程序中类的组织。把需要在一起工作的类放在同一包里，除了 public 修饰的类能够被所有包中的类访问外，默认修饰符的类只能被其所在包中的类访问，不能在其包外访问。包的这种组织方式把对类的访问封锁在一定的范围，体现了 Java 面向对象的封装性。

01 打开 Eclipse，创建一个包，在包内定义一个类；

02 在类的大括号内定义属性，在所有属性定义前都加 private 关键字；

03 在类的大括号内输入 private 属性的 getter 和 setter 方法的定义；

04 在类的大括号内定义相应的功能方法；

05 定义测试类，运行程序。

2. 程序代码

```java
public class Person {
    String name;
    int age;
    double weight;
    public String getName() {
        return name;
    }
    public void setName(String name) {
        this.name = name;
    }
    public double getWeight() {
        return weight;
    }
    public int getAge() {
        return age;
    }
    public void setAge(int age) {
        if (age <= 0) {
            System.out.println("年龄出错,使用默认年龄 18 岁代替");
```

```
            this.age=18;
        } else
            this.age=age;
    }
    public void setWeight(double weight) {
        if (weight <= 0.0){
            System.out.println("体重出错，使用默认 100 斤代替");
            this.weight = 100;
        }else
            this.weight = weight;
    }
    public void talk(){
        System.out.println("我是："+name+"，今年："+age+"岁");
    }
    public void dining() {
        System.out.println("还没有吃饭，饿了..."+"体重："+weight);
        this.setWeight(weight++);
        System.out.println("吃饱了..."+"，体重："+weight);
    }
    void walk() {
        this.setWeight(weight-2);
        System.out.println("走累了..."+"，体重："+weight);
    }
}
public class Main {
    public static void main(String[] args) {
        Person p1 = new Person();
        p1.setName("zhangsan");
        p1.setAge(-10);
        p1.setWeight(1);
        p1.talk();
        p1.dining();
        p1.walk();
        p1.walk();
    }
}
```

程序运行结果如下：

年龄出错，使用默认 18 岁代替
我是：zhangsan，今年：18 岁
还没有吃饭，饿了...体重：1.0
吃饱了...，体重：1.0
体重出错，使用默认 100 斤代替
走累了...，体重：100.0
走累了...，体重：98.0

注　意

　　属性进行私有化需要使用 setXxx 和 getXxx 方法，若属性过多，书写起来将十分的麻烦。Eclipes 工具提供了简单的设置方式：在代码区中单击右键，在快捷菜单中选择 Source->Generate Getters and Setters 命令，在打开的对话框中选择需要实现封装属性即可。

■ 知识拓展 ■

构造方法中 public 与 private 之分

构造方法也有 public 与 private 之分。到目前为止,文中所使用的构造方法均属于 public,它可以在程序的任何地方被调用,所以新创建的对象也都可以自动调用它。如果构造方法被设为 private,则无法在该构造方法所在的类以外的地方调用。例如:

```java
public class Work {
    String name;
    int age;
    private Work() {
        name = "张三";
        age = 10;
    }
}
public class Main {
    public static void main(String[] args) {
        //Work wk=new Work();不能这样用!!
    }}
```

巩固训练:通过封装编写 Book 类

1. 实训目的

◎ 掌握封装的思想和实现;
◎ 掌握构造方法的创建与使用;
◎ 掌握方法重载的使用。

2. 实训内容

通过封装编写 Book 类。要求:类具有属性书名、书号、主编、出版社、出版时间、页数、价格,其中页数不能少于 200 页,否则输出错误信息,并强制赋默认值 200;为各属性设置赋值和取值方法;编写方法 detail(),用来在控制台输出每本书的信息。

──────────── 单元小结 ────────────

从世界观的角度看,面向对象程序设计思想认为世界是由各种各样具有自身运动规律和内部状态的对象组成的,不同对象之间的相互作用和通信构成了完整的现实世界。因此,人们应当按照现实世界这个本来面貌来理解世界,直接通过对象及其相互关系来反映世界。Java 语言采用面向对象(Objected-OrientedProgramming,OOP)程序设计思想,通过使用类和对象来实现程序的设计和编写。

──────────── 单元习题 ────────────

一、选择题

1. 定义一个类,必须使用的关键字是(   )。

A. public　　　　　　　B. class　　　　　　　C. interface　　　　　　D. static

2. 关于构造方法的说法正确的是(　　)。

   A. 一个类只能有一个构造方法

   B. 一个类可以有多个不同名的构造方法

   C. 构造方法与类同名

   D. 构造方法必须自己定义，不能使用父类的构造方法

3. 下列属于 java.lang.Number 类包的是(　　)。

   A. ava.lang.Byte　　　　　　　　　　B. java.lang.Object

   C. java.lang.Boolean　　　　　　　　D. java.lang.Character

4. 读程序，下面的(　　)表达式可以加入 printValue()方法的 "//同父类中…" 部分，并满足注释中的要求。

```
class Person {
    String name,department;
    public void printValue(){
        System.out.println(""name is ""+name);
        System.out.println(""department is ""+department);
    }
}
public class Teacher extends Person {
    int salary;
    public void printValue(){
        //同父类中 printValue()方法的内容，需要显示 name 和 department 的值
        System.out.println(""salary is ""+salary);
    }
}
```

   A. printValue()　　　　　　　　　　B. this.printValue()

   C. person.printValue()　　　　　　　D. super.printValue()

二、填空题

1. 如果一个类引用了某个接口，就必须在类体中重写接口中定义的所有_____。

2. Java 的源代码中定义了几个类，编译结果就生成几个以_____为后缀的字节码文件。

3. Java 规定，当局部变量与成员变量的同名时，局部变量会_____成员变量。

4. _____是所有类的根父类。

5. Java 规定，如果子类中定义的成员方法与父类中定义的成员方法同名，并且参数的个数和类型以及_____的类型也相同，则父类中的同名成员方法被屏蔽。

6. 当父类的成员被屏蔽时，如果要引用父类中的成员变量或成员方法，就必须使用_____来引用。

7. 创建类对象的关键字是_____。

三、简答题

1. 什么是对象？什么是类？什么是实体？它们之间的相互关系是怎样的？

2. 什么是包？如何定义包？

3. 什么是方法重载？方法重载的规则是什么？

4. 类方法和实例方法以及类变量与实例变量之间的区别是什么？

四、程序填空题

1. 创建一个人的类 Student，属性包括姓名和年龄，方法包括构造方法(初始化一个人的姓名和年龄)、显示姓名和年龄的方法；创建一个学生类 Prog1，是从 Student 类继承而来，Prog1 类比 Student 类多一个成员变量"所在学校"，Prog1 的方法包括构造方法(借助父类的方法对学生的 3 个属性进行初始化)和显示学生的 3 个属性方法；最后创建一个学生对象并显示其自然信息。

```java
class Student {
    String name;
    int  age;
/****************SPACE***************/
    Student(____①____ n,int a)
        {      name = n;
               age = a;
        }
    Public void print( )
{
System.out.println(name+"的年龄是"+age);
  }
  }
/*****************SPACE***************/


    public class Prog1 ____②____ Student
{
    String school;

/****************SPACE***************/

    Prog1(String n ,int a,____③____)
    {
        super (n,a);
        school = s;
    }

/****************SPACE***************/

    Public ____④____ print( )
    {
    System.out.println(name+"的年龄是"+age",学校是"+school);
    }
    public static void main( String args [ ] )
    {
    Prog1 stu = new Prog1("陈小瑞",19, "清华大学");
     Stu.print( );
    }
}
```

2. 请仔细阅读下面这段程序：

```java
abstract class SuperAbstart
{
    void a ( ){…}
    abstract  void b ( );
```

```
    abstract  int c(int i);
}
Interface AsSuper
{
    void x( );
}
abstract class SubAbstract extends SuperAbstract implements AsSuper
{
    public void b( ){…}
    abstract String f( );
}
public class InheritAbstract extends SubAbstract{
        public void x( ){…}
        public int c(int i){…}
        public String f( ){…}
public static void mian (String args[ ]){
        InheritAbstract instance = new InheritAbstract( );
        instance.x( );
        instance.a( );
        instance.b( );
        instance.c(100);
        System.out.println(instance.f( ));
    }
}
```

在以上程序中：

　　抽象类有 SuperAbstract 和____①____(写出类名))。

　　非抽象类有____②____(写出类名))。

　　接口有____③____(写出接口名))。

　　AsSuper 中的 x()方法是____④____方法，所以在 InheritAbstract 中必须对它进行____⑤____。

五、编程题

1. 编写一个学生类 Students，该类成员变量包括学号 no、姓名 name、性别 sex 和年龄 age，该类的成员方法有 getNo()、getName()、getSex()、getAge()和 setAge()。添加构造方法为所有成员变量赋初值，构造方法要有 4 种格式：

(1) 包括 no、name、sex 和 age 四个参数。

(2) 包括 no、name 和 sex 三个参数。

(3) 包括 no 和 name 两个参数。

(4) 只包括 no 一个参数。

2. 编写一个大学生类 Undergraduate，该类继承上题中 Students 类的所有属性和方法，再为 Undergraduate 类新添一个电话号码成员变量 telephone。

3. 按以下要求编写程序。

(1) 创建一个 Rectangle 类，添加 width 和 height 两个成员变量。

(2) 在 Rectangle 中添加两种方法分别计算矩形的周长和面积。

(3) 利用 Rectangle 类输出一个矩形的周长和面积。

单元 4

继承、多态与接口

学习目标

1. 掌握继承的概念和实现方式
2. 掌握 this 和 super 关键字
3. 掌握继承关系下方法的覆盖
4. 理解多态的含义
5. 掌握最终类和抽象类的概念和实现方式
6. 掌握 Java 接口的概念
7. 理解面向接口编程的思想
8. 掌握接口的多态技术

任务 4.1 实现员工信息管理

任务描述 👉

公司中含有 3 类员工, 分别是雇员、行政人员和经理。由于类别不同, 对于 3 类员工分别使用类进行表示。要求雇员包含: 属性有姓名和工号; 行为有工作和加班。行政人员包含: 属性有姓名、工号和职务; 行为有工作和管理。经理包含: 属性有姓名、工号、职务和部门; 行为有工作和外交。使用继承技术实现公司员工的信息管理。其运行结果如图 4-1-1 所示。

```
Console ☒
<terminated> WorkMain [Java Application] C:\Program Files\Java\jre6\bin\javaw.exe (2012-11-17 下午03:58:44)
雇员信息:
ID=2009,name=zhangsan,salary=3500.0
行政人员信息:
ID=2010,name=lisi,salary=4000.0fare=0.0
经理信息:
ID=2011name=wangwusalary=6000.0fare=0.0bonus=2000.0
```

图 4-1-1 运行结果

4.1.1 继承

继承是面向对象程序设计思想中最重要的性质, 通过继承可以有效地建立程序结构, 明确类之间的关系, 增强程序的扩充性和可维护性, 能够使用已有的类来扩充成更复杂、功能更强大的程序, 并为面向对象思想的其他特性提供前提条件。

.属性的继承

1. 继承的概念

面向对象程序设计中, 在已有类的基础上定义新类, 而不需要把已有类的内容重新书写一遍, 这就叫作继承。已有类称为基类或父类, 在此基础上建立的新类称为派生类或子类。继承关系可以描述为: 子类继承了父类或父类被子类继承。子类与父类建立继承关系后, 子类也就拥有了父类的非私有的成员属性和成员方法, 同时还可以拥有自己的属性和方法。

2. 继承的实现

继承的英文为 inherit, 但是由继承定义可以看出子类实际上是扩展了父类, 因此 Java 中继承是通过关键字 extends 来实现的。关键字 extends 说明要构建一个新类, 而新类是从一个已经存在的类中衍生出来的。格式如下:

```
[修饰符] class 子类名 [extends 父类]
```

【实例 4-1】 使用继承思想实现汽车类, 以及公交车和卡车类。

```java
public class Car {//定义父类
    public String bound;//汽车牌子
    public int count;//汽车载人数
    public void showInfo(){//显示汽车基本信息
```

```
        System.out.print("车的牌子是："+bound+";车载人数："+count);
    }
}
public class Bus extends Car{//Car 的子类 Bus
    public String number;//子类自己属性——几路公交车
    protected void showStation(String station){//子类自己方法——报站名
        System.out.println("你到"+station);
    }
}
public class Truck extends Car{//Car 的子类 Truck
    public double weight;//子类自己属性——载重
    public void loading(String things){//子类自己的方法——装货
        System.out.println("车里装"+things);
    }
}
```

本例中主要描述了关于汽车的继承关系。其中 Bus 和 Truck 分别代表公交车和货车(实体)，它们都是一种汽车 Car(概念)。因此 Car 作为了父类，Bus 和 Truck 分别是由 Car 派生出来的子类。

相关解释如下。

(1) Java 只允许单继承，而不允许多重继承，也就是说一个子类只能有一个父类；

(2) 如果子类继承了父类，则子类自动具有父类的全部非私有的数据成员(数据结构)和成员方法(功能)；

(3) 子类可以定义自己的数据成员和成员函数，同时也可以修改父类的数据成员或重写父类的方法；

(4) Java 中允许多层继承，例如，子类 A 可以有父类 B，父类 B 同样也可以再拥有父类 C，因此子类都是"相对"的；

(5) 在 Java 中，Object 类为特殊超类或基类，所有的类都直接或间接地继承 Object。

> **注 意**
>
> 我们可以看出父类都是概念性的类别词汇，例如汽车、电灯、风扇，而汽车又可分为公交车、货车等；电灯又分为台灯、日光灯、彩灯等；风扇又可分为吊扇、台扇等。Java 是面向对象程序设计语言，来形容实际存在的实体对象，所以编程前的程序需求分析应从对象入手，总结多个对象之间的相同点和不同点，把相同点抽象出来组成一个概念性的父类，把不同点作为子类自己独有的性质。因此通常父类没有实例化的必要。

4.1.2 方法的覆盖

当子类继承父类，而子类中的方法与父类中方法的名称、返回类型及参数都完全一致时，就称子类中的方法覆盖了父类中的方法，有时也称为方法的"重写"。

【实例 4-2】 父类 workman 中有一个 print 方法，使用一个子类 Managerwork 来继承 workman 并重写父类的 print 方法。

```java
public class workman {
    String name;
    int salary;
    public void print() {
        System.out.println("姓名: " + name + "薪水" + salary);
    }
}
public class Managerwork extends workman {
    String department;
    public void print() {
        System.out.println("姓名: " + name + "薪水" + salary + "部门" +
            department);
    }
}
```

该实例的子类继承了父类的方法 print，而自己也写了一个 print 方法，从继承的概念上讲子类应该拥有两个 print 方法，但实际上在使用子类对象调用方法时，调用的是子类写的 print 方法，同时也就相当于覆盖了父类的方法。

4.1.3 this 和 super 关键字

1. this 关键字

this 有 3 种用法：第一种用法中，this 代表它所在类的实例化对象，可以理解为是类对象的一个简单引用，利用 this 可以调用当前对象的方法和变量，特别是当方法名和变量名很长时，这种调用更加有意义。第二种用法，解决成员变量和局部变量重名的问题。第三种用法，在同一个类中不同构造方法之间的调用需要使用 this。

【实例 4-3】this 关键字的 3 种用法举例。

```java
public class ThisEx {
    public String name;
    public int age;
    public ThisEx(String name) {
        this.name=name;//参数中的变量名 name 和属性中的名字 name 重名
    }
    public ThisEx(String name,int age ) {
        this(name);//调用上面的 public ThisEx(String name)构造方法
        this.age=age; //参数中的变量名 age 和属性中的名字 age 重名
    }
    public void setAge(int age){
        this.age=age;
        this.aComplexMethodPresentations();//调用名字复杂的方法
    }
    public void aComplexMethodPresentations(){
        int age;
        age=this.age;
    }
}
```

注 意

如果在构造方法中调用另一构造方法，则这条调用语句必须放在第一句。

2. super 关键字

super 主要的功能是完成子类调用父类中的内容。Super 有两种用法：第一种用法中，super 表示的是所在类的直接父类对象，使用 super 可以调用父类的属性和方法。第二种用法，子类的构造方法中可以调用父类的构造方法。

【实例 4-4 】super 关键字的两种用法举例。

```java
public class Father {
    String name;
    public Father(){
        System.out.println("调用父类构造方法");
    }
    public void walk(){
        System.out.println("调用父类 walk 方法");
    }
}
public class Child extends Father{
    public Child(){
        super();//调用父类的构造方法
        System.out.println("调用子类构造方法");
    }
    public void walk(){
        super.walk();//调用父类的方法
        System.out.println("调用子类 walk 方法");
    }
}
```

注　意

子类中的无参构造方法默认第一句是调用父类的无参构造方法。使用 super 调用父类的方法实际上主要是调用被子类覆盖的方法。

4.1.4　最终类和抽象类

1. 最终类

Java 中的 final 关键字可以用来修饰类、方法和局部变量，修饰过的类叫作最终类，此类不能被继承。修饰过的方法叫作最终方法，此方法不能被子类复写。修饰过的变量实际上相当于常量，此变量(成员变量或局部变量)只能赋值一次。

【实例 4-5】最终类错误示例程序设计。

```java
public class TestFinal {
    public static final int TOTAL_NUMBER = 5;
    public int id;
    public TestFinal() {
        id = ++TOTAL_NUMBER;
            //非法，对 final 变量 TOTAL_NUMBER 进行二次赋值了
    }
public static void main(String[] args) {
```

```
        final TestFinal t = new TestFinal();
        final int i = 10;
        final int j;
        j = 20;
        j = 30; //非法,对final变量进行二次赋值
    }
}
```

2. 抽象类

Java 中存在一种专门用来当作父类的类,即抽象类。这种类类似"模板",其目的是要设计者依据它的格式来修改并创建新的类。但是并不能直接由抽象类创建对象,只能通过抽象类派生出新的类来创建对象,即不能生成实例化对象的类称为抽象类。抽象类是创建一个体现某些基本行为的类,该类可以声明抽象方法,抽象方法没有方法体,只能通过继承在子类中实现该方法。抽象类的作用实际上是一种经过优化了的组织方式,这种组织方式使得所有的类层次分明,简洁精练。抽象类定义规则如下:

◎ 抽象类和抽象方法都必须用 abstract 关键字来修饰。
◎ 抽象类不能被实例化,也就是不能用 new 关键字去产生对象。
◎ 抽象方法只需声明,而不需实现。
◎ 含有抽象方法的类必须被声明为抽象类,抽象类的子类必须复写所有的抽象方法后才能被实例化,否则这个子类还是个抽象类。

【实例 4-6】抽象类程序设计。

```
abstract class Person {
    String name;
    int age;
    String occupation;
    public abstract String talk();//声明一抽象方法,无方法体
}
class Student extends Person {
    //省略构造方法
    //复写talk()方法
    public String talk() {
        return "姓名: " + this.name + ", 年龄: " + this.age + ", 职业: "
                + this.occupation + "! ";}
}
public class Main {
    public static void main(String[] args) {
        Student s = new Student("张三", 20, "学生");
        System.out.println(s.talk());
    }
}
```

4.1.5 实践操作: 雇员信息管理程序编写

1. 实施思路

雇员类、行政人员类、经理类有许多相同的语句代码。在属性方面,都包含了年龄、性别等重复的信息定义。换个思路,雇员是一般性的概念,在定义类时,将经理类、行政

人员类中相同的属性和方法抽象出来，集中放在雇员类中，形成一种共享的机制，经理类、行政人员类中只放自己特有的成员变量和成员方法，减少重复代码。这样的雇员类称为父类，行政人员类、经理类称为子类。子类继承父类的非私有成员变量和成员方法。

01 打开 Eclipse，定义雇员类；

02 在雇员类中只定义共有的成员变量，类的构造方法，以及共有的方法；

03 在行政人员类和经理类中只定义自己特有属性和方法，父类已有的成员变量和成员方法不再定义；

04 编写测试类，分别声明对象进行调用。

2. 程序代码

```java
public class employee {            //雇员类
    //省略编号姓名工资
    //省略 setXxx()、getXxx()
    public void Employee() {    //构造函数
        ID = 0;
        this.name = "";
        this.salary = 0.0;
    }
    public void print(){
        ...
    }
}


public class administration extends employee {//行政人员
    double fare;
    public administration() {
        this.fare = 0.0;
    }
    //省略 getFare()、setFare(double fare)
    public void print(){
        ...
    }
}


public class manager extends administration {//经理
    double bonus;
    public manager() {
        this.bonus = 0.0;
    }
    //省略 getBonus()、setBonus(double bonus)
    public  void print(){
    ...
    }
}
public class WorkMain {
    public static void main(String[] args) {
        employee employee1 = new employee();
        employee1.setID(2009);
        employee1.setName("zhangsan");
        employee1.setSalary(3500.00);
```

```
        System.out.println("雇员信息: ");
        employee1.print();
        administration xingzheng1 = new administration();
        xingzheng1.setID(2010);
        xingzheng1.setName("lisi");
        xingzheng1.setSalary(4000.00);
        System.out.println("行政人员信息: ");
        xingzheng1.print();
        manager manager1 = new manager();
        manager1.setID(2011);
        manager1.setName("wangwu");
        manager1.setSalary(6000.00);
        manager1.setBonus(2000.00);
        System.out.println("经理信息: ");
        manager1.print();
    }
}
```

■知识拓展

继承中的初始化顺序

从类的结构上而言,其内部可以有如下 4 种常见形态: 属性(包括类属性和实例属性)、方法(包括类方法和实例方法)、构造器和初始化块(包括类的初始化块和实例的初始化块)。对于继承中的初始化顺序,又具体分为类的初始化和对象的初始化。

(1) 类初始化

在 JVM 中装载类的准备阶段,首先为类的所有类属性和类初始化块分配内存空间,并在类首次初始化阶段为其进行初始化,类属性和类初始化块的定义顺序决定了其初始化的顺序。若类存在父类,则首先初始化父类的类属性和类初始化块,一直上溯到 Object 类最先执行。

(2) 对象初始化

在使用 new 创建对象时,首先对对象属性和初始化块分配内存,并执行默认初始化。如果存在父类,则先为父类对象属性和初始化块分配内存并执行初始化。然后执行父类构造器中的初始化程序,接着才开始对子类的对象属性和初始化块执行初始化。

巩固训练: 动物世界的继承关系代码编写(一)

1. 实训目的

◎ 掌握继承的概念和实现。

2. 实训内容

编写动物世界的继承关系代码。动物(Animal)包括山羊(Goat)和狼(Wolf),它们吃(eat)的行为不同,山羊吃草,狼吃肉,但走路(walk)的行为是一致的。通过继承实现以上需求,并编写 AnimalTest 测试类进行测试。

任务 4.2　实现员工信息分类

任务描述 ☞

公司中含有 3 类员工分别是雇员、行政人员和经理。由于类别不同，对于 3 类员工分别使用类进行表示。要求雇员包含：属性有姓名和工号；行为有工作和加班。行政人员包含：属性有姓名、工号和职务；行为有工作和管理。经理包含：属性有姓名、工号、职务和部门；行为有工作和外交。使用继承技术实现公司员工的信息管理，使用多态特性通过统一的方法显示不同类型员工的信息。其运行结果如图 4-2-1 所示。

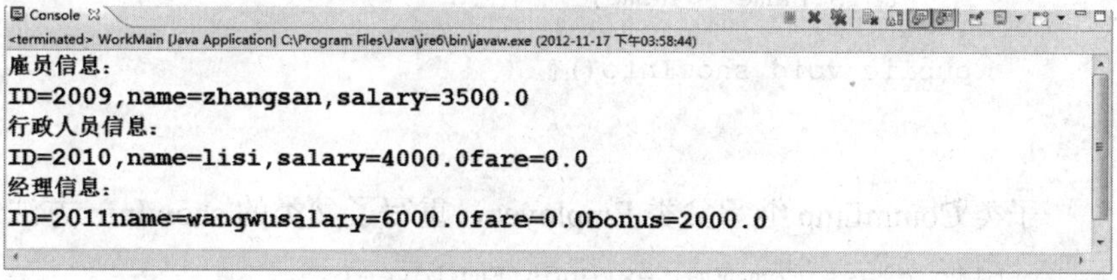

```
Console ☒
<terminated> WorkMain [Java Application] C:\Program Files\Java\jre6\bin\javaw.exe (2012-11-17 下午03:58:44)
雇员信息:
ID=2009,name=zhangsan,salary=3500.0
行政人员信息:
ID=2010,name=lisi,salary=4000.0fare=0.0
经理信息:
ID=2011name=wangwusalary=6000.0fare=0.0bonus=2000.0
```

图 4-2-1　运行结果

4.2.1　多态的概念

多态的概念

多态字面意思代表"多种状态"。前面通过对继承的讲解，父类可以被多个子类继承，在面向对象思想中，"态"是指"子类"和"父类"两种状态，而一个父类可以拥有多个子类，那么子类和父类加起来就可以成为多态。例如父类记作 A，有子类 a1 和 a2。那么"A a= new a1( ); A a=new a2( );"这两个语句是对的，同时"A a=new A( )"。可以看出对于父类 A 的声明 a 可以具备三个 new 出来的对象(状态)。我们称这种现象为多态。

在讲解多态的正式概念前，我们还必须介绍一下"重写"。"重写"是指父类中的方法在被子类继承后，子类可以重新实现方法体内容，这样子类和父类中就存在了一个名字相同的但实现不同的方法。假设上一段例子的父类 A 中有一个 public 权限的方法 method( )，同时子类 a1 和 a2 对该方法进行重写。那么上段中的 3 个语句所产生的对象 a 分别去调用 method( )方法，结果第一句"A a=new a1( );"是调用子类 a1 中的 method( )，第二句则调用子类 a2 中的 method( )，第三句则调用父类 A 的 method( )。在面向对象的程序设计中，需要利用这样的"重名"现象来提高程序的抽象度和简洁性。

多态正式定义为：多态是指 Java 的运行时多态性，它是面向对象程序设计中代码重用的最强大机制，Java 实现多态的基础是动态方法调度，就是指父类某个方法被其子类重写时，可以各自产生自己的功能行为。

注　意

多态概念在很多书中分为运行时多态和静态多态，静态多态可简单理解为方法重载。实际上在程序编写时，动态多态的用法更为广泛和有效。

4.2.2 多态的用法

多态的用法一般可以归结为两种：一种用法是使用父类声明的数组存储子类的对象；另一种用法是使用父类的声明作为方法的形参，子类对象作为实参传入。

【实例 4-7】员工管理系统中，员工分为普通员工(CommEmp)、管理人员(Manager)和人力资源(HR)。要求 HR 对所有员工进行评测，即打印员工的信息。

父类 Employee 由普通员工和管理人员总结抽象出来。

```java
public class Employee {
    public String name;
    public Employee(String name) {
        this.name = name;
    }
    public void showInfo(){
    }
}
```

子类 CommEmp 继承父类 Employee，重写了父类的 showInfo 方法。

```java
public class CommEmp extends Employee{
    public String workStation;
    public CommEmp(String name,String workStation) {
        super(name);
        this.workStation = workStation;
    }
    public void showInfo(){//重写父类的方法
        System.out.println("我是"+this.name+";工作岗位是"+this.workStation);
    }
}
```

子类 Manager 继承父类 Employee，重写了父类的 showInfo 方法。

```java
public class Manager extends Employee {
    public String dep;
    public Manager(String name,String dep) {
        super(name);
        this.dep = dep;
    }
    public void showInfo() {//重写父类的方法
        System.out.println("我是"+this.name+";管理的部门是"+this.dep);
    }
}
```

类 HR 的 judge 方法使用父类 Employee 数组作为形式参数。

```java
public class HR{
    public void judge(Employee[] emp){//使用父类数组作为方法的形参
        for(int i=0;i<emp.length;i++){
            emp[i].showInfo();//形式上调用父类方法,实际会根据传入对象来调用
        }
    }
}
```

测试类 Main 中使用父类数组盛放子类对象，将 HR 的对象调用方法传入子类对象。

```java
public class Main {
```

```
public static void main(String[] args) {
    Employee[] emp=new Employee[3];//声明父类数组
    emp[0]=new CommEmp("普通员工-张三", "修理工");//数组中填充子类对象
    emp[1]=new Manager("管理者-李四", "财务处");
    HR hr=new HR();
    hr.judge(emp);
}
}
```

知识拓展

Object 在通用编程中的作用

任何类的父类都是 Object,根据多态的概念,任何子类的对象都可以赋值给父类的引用。也就是说任何类的所有实例都可以用 Object 来代替。例如:

```
Object obj="String";
```

由于整数、字符型等基本数据类型不属于对象类型(引用类型),所以不能使用 Object 来指向这些基本数据类型。但可以通过基本数据类型的对象包装器进行转换后也使用 Object 来指向。例如:

```
Object obj=new Integer(1);
```

Object 可以代表所有的对象,这种思想对于通用编程是非常有用的。例如在 Arrays 类中有个静态方法 sort(Object[] obj),在这个方法中传入任何一个数组都可以。由于这种通用性,增加了方法的可用范围。

巩固训练:动物世界的继承关系代码编写(二)

1. 实训目的

◎ 巩固继承的概念和实现;

◎ 掌握多态的概念和实现。

2. 实训内容

编写动物世界的继承关系代码。动物(Animal)包括山羊(Goat)和猫(Cat),它们叫声不同,山羊"咩咩",猫"喵喵"。通过多态实现:创建两只羊,一只猫,通过循环让每只动物叫一声。

任务 4.3 实现 USB 接口模拟

任务描述 ☞

电脑主板上的 USB 接口有严格的规范,U 盘、移动硬盘的内部结构不相同,每种盘的容量也不同,但 U 盘、移动硬盘都遵守了 USB 接口的规范,所以,在使用 USB 接口时,可以将 U 盘、移动硬盘插入任意一个 USB 接口,而不用担心哪个 USB 接口是专门插哪个盘。请编写程序,模拟使用 USB 接口的过程。其运行结果如图 4-3-1 所示。

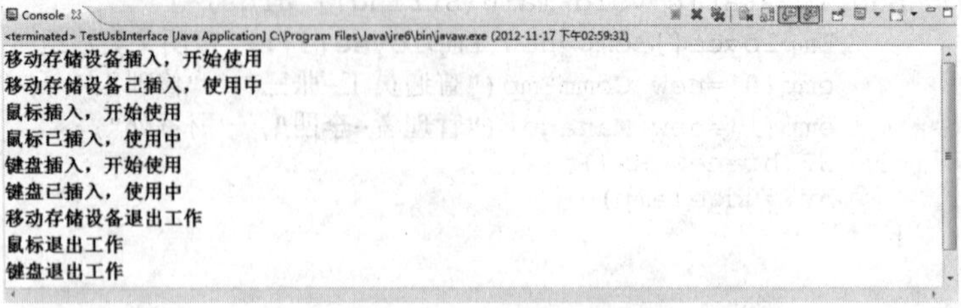

图 4-3-1 运行结果

4.3.1 Java 接口

去购买 USB 电脑鼠标的时候，不需要问电脑配件商家 USB 鼠标是什么型号的，也不需要询问要满足什么要求，一般情况下买回来都可以直接使用。其原因就是 USB 接口是统一的，都实现了鼠标的基本功能，可以说是鼠标的一种规范，所有的厂家都会按照这个规范来制造 USB 接口的鼠标。这个规范说明制作该 USB 类型的鼠标应该做些什么，但并不说明如何做。

1. 接口的概念

Java 程序设计中的接口(Interface)也是一种规范，是用来组织应用程序中的类，并调节它们的相互关系。接口是由常量和抽象方法组成的特殊类，是对抽象类的进一步抽象，形成了一个属性和行为的集合，该集合通常代表了一组功能的实现。

> **提 示**
>
> 最早期的面向对象语言中不是使用 interface 关键字，而是使用 protocal。从这个词汇中可以看出接口最核心的意义是一个协议，一个规定了一组功能的协议。既然有协议的意思，那么协议中将要说明需要遵守的条约，相当于抽象方法。然而协议中一般不去理会到底如何实现条约方式，这进一步说明了使用抽象方法的意义。

Java 不支持多继承性，即一个类只能有一个父类。单继承性使得 Java 简单，易于管理程序。为了克服单继承的缺点，Java 使用了接口，一个类可以实现多个接口。

2. 接口的声明

接口声明格式如下：

```
[public] interface 接口名 [extends 接口 1, 接口 2…] {
 [public] [static] [final] 数据类型 常量名=常量值；
 [public] [static] [abstract] 返回值 抽象方法名(参数列表)；
}
```

由接口的声明的语法格式看出，接口是由常量和抽象方法组成的特殊类。

相关解释如下。

(1) 接口的访问修饰符只有 public 一个。

(2) 接口可以被继承，它将继承父接口中的所有方法和常量。

(3) 接口体只包含两部分，一是常量；二是抽象方法。

(4) 接口中的常量必须赋值，并且接口中的属性都被默认为是 final 修饰的常量。

(5) 接口中的所有方法都必须是抽象方法，抽象方法不需要使用 abstract 关键字声明，直接默认为是抽象的。

3. 接口的实现和使用

既然接口里只有抽象方法，它只要声明而不用定义处理方式，于是自然可以联想到接口也没有办法像一般类一样创建对象。利用接口打造新的类的过程，称之为接口的实现 (implementation)，同时实现了接口的类称为接口实现类。接口实现格式如下：

```
class 类名称 implements 接口A,接口B          //接口的实现
{
    ...
}
```

【实例 4-8】接口实现程序设计。

```
interface A {                      //定义接口A
     public String name = "张三" ;   //定义全局常量
     public void print() ;          //定义抽象方法
    }
interface B{                       //定义接口B
     public void say() ;            //定义抽象方法
}
class C implements A,B{            //子类同时实现两个接口
     public void say() {           //覆写B接口中的抽象方法
      System.out.println("Hello!");
     }
     public void print() {         //覆写A接口中的抽象方法
      System.out.println("姓名: " + name);
     }
}
```

接口的使用与类的使用有些不同。类会直接使用 new 关键字来构建一个类的实例进行应用，而接口只能被它的实现类进行进一步的实现才能发挥作用。

4.3.2 接口与多态

多态是面向对象编程思想的重要体现，它是建立在继承关系存在基础上的。接口与它的实现类之间存在实现关系，同时也就具有继承关系。因此接口可以像父类子类一样使用多态技术，其中接口回调就是多态技术的体现。接口回调是指：可以将接口实现类的对象赋给该接口声明的接口变量，那么该接口变量就可以调用接口实现类对象中的方法。不同的类在使用同一接口时，可能具有不同的功能体现，即接口实现类的方法体不必相同，因此，接口回调可能产生不同的行为。

【实例 4-9】接口回调的例子。

```
interface ShowMessage {
    void showTradeMark();
}
class TV implements ShowMessage {
    public void showTradeMark() {
        System.out.println("我是电视机");
```

```
    }
}
class PC implements ShowMessage {
    public void showTradeMark() {
        System.out.println("我是电脑");
    }
}
public class TestExample {
    public static void main(String args[])
    {
        ShowMessage sm;          //声明接口变量
        sm = new TV();           //实现类对象赋值接口变量
        sm.showTradeMark();      //接口回调
        sm = new PC();           //接口变量中存放对象的引用
        sm.showTradeMark();      //接口回调
    }
}
```

4.3.3 面向接口编程的步骤

面向接口编程的步骤

接口体现了规范与分离的设计原则,可以很好地降低程序各模块之间的耦合度,提高系统的可扩展性和可维护性。开发系统时,主体构架使用接口来构成系统的骨架,这样就可以通过更换接口的实现类来更换系统的实现。这就是面向接口编程的思想。

【实例 4-10】有一打印中心,既有黑白打印机,也有彩色打印机,在打印时,使用不同的打印机,打印效果也就不同。采用面向接口编程的思想编程。

(1) 抽象出 Java 接口

分析:黑白、彩色打印机都存在一个共同的方法特征,即 print;黑白、彩色打印机对 print 方法有各自不同的实现。

结论:抽象出 Java 接口 PrinterFace,在其中定义方法 print。

具体实现:

```
public interface PrinterFace { //打印机接口
    public void print(String content);
}
public interface Printer {           //打印中心的打印接口
    public String detail();
}
```

(2) 实现 Java 接口

分析:已经抽象出 Java 接口 PrinterFace,并在其中定义了 print 方法。黑白打印机、彩色打印机对 print 方法有各自不同的实现。

结论:黑白、彩色打印机都实现 PrinterFace 接口,各自实现 print 方法。

具体实现:

```
public class BlackPrinter implements PrinterFace {
    public void print(String content) {
     System.out.println("黑白打印: ");
     System.out.println(content);
    }
    public class ColorPrinter implements PrinterFace{
```

```
    public void print(String content) {
        System.out.println("彩色打印：");
        System.out.println(content);
    }
}
```

(3)　使用 Java 接口

分析：主体构架使用接口，让接口构成系统的骨架。

结论：更换实现接口的类就可以更换系统的实现。

具体实现：

```
public class PrinterCentre implements Printer {
    private PrinterFace printerface;            //打印机接口
    public void setPrinter(PrinterFace pf) {
        this. printerface = pf;
    }
    public String detail() {
        return "这里是打印中心";
    }
  public void printph(Printer pf){
    printerface.print(pf.detail()); //printerface 接口打印 Printer 接口信息
    }
}
public class Main {
    public static void main(String[] args) {
        PrinterCentre pc=new PrinterCentre();     //创建打印中心
        pc.setPrinter(new BlackPrinter());        //配备黑白打印机
        pc.printph(pc);                           //打印
        pc.setPrinter(new ColorPrinter());        //配备彩色打印机
        pc.printph(pc);                           //打印
    }
}
```

程序运行结果如下：

黑白打印：
这里是打印中心
彩色打印：
这里是打印中心

4.3.4　接口中常量的使用

常量是一种标识符，它的值在运行期间恒定不变。常量标识符在程序中只能被引用，而不能被重新赋值。在 Java 接口中声明的变量，在编译时会自动加上 static final 修饰符，即声明为常量，因而 Java 接口通常是存放常量的最佳地点。

下面通过代码来演示接口里的常量。

【实例 4-11】接口中的常量程序设计。

```
interface Cons { //定义接口
    final String name = "this is my name";
}
class Const implements Cons {
}
```

```
public class TestInterfaceConst {
public static void main(String[] s) {
        Const cons = new Const();
        String name = Cons.name;
        System.out.println(name);
        String n = cons.name;
        System.out.println(n);
    }
}
```

程序运行结果如下：

```
this is my name
this is my name
```

从上面实例中可以看出，接口内定义的所有属性都是 public static 的，方法都是 public abstract 的。

4.3.5　实践操作：USB 接口模拟程序编写

1. 实施思路

USB 接口可以使用 U 盘、移动硬盘，完成插入、启动、停止的功能。当 U 盘或移动硬盘插入 USB 接口时，它们的表现是不一样的。作为 USB 接口的接口，有两个抽象方法，但无法实现具体的功能。这些功能留在 U 盘或移动硬盘实现类中去完成。

01 打开 Eclipse，定义一个 USB 接口，得到接口的框架；

02 在接口中进行抽象方法声明；

03 编写测试类进行测试。

2. 程序代码

```
public interface USBInterface {//这是 Java 接口，相当于主板上的 USB 接口的规范
    public void start();
    public void Conn();
    public void stop();
}
public class MouseInterface  implements USBInterface{
    public void start(){          //实现接口的抽象方法
        System.out.println("鼠标插入，开始使用");
    }
    public void Conn(){
        System.out.println("鼠标已插入，使用中");
    }
    public void stop(){           //实现接口的抽象方法，移动硬盘有自己的功能
        System.out.println("鼠标退出工作");
    }
}
public class MovingDisk implements USBInterface{
    public void start(){          //实现接口的抽象方法，移动硬盘有自己的功能
        System.out.println("移动存储设备插入，开始使用");
    }
    public void Conn(){
        System.out.println("移动存储设备已插入，使用中");
    }
    public void stop(){           //实现接口的抽象方法，移动硬盘有自己的功能
```

```
        System.out.println("移动存储设备退出工作");
    }
}
public class Keyboard implements USBInterface{
    public void start(){            //实现接口的抽象方法，键盘有自己的功能
        System.out.println("键盘插入，开始使用");
    }
    public void Conn(){
        System.out.println("键盘已插入，使用中");
    }
    public void stop(){            //实现接口的抽象方法，键盘有自己的功能
        System.out.println("键盘退出工作");
    }
}
public class TestUsbInterface {
        public static void main(String[] args) {
        USBInterface usb1 = new MovingDisk();        //将移动硬盘插入 USB 接口
1
        USBInterface usb2 = new MouseInterface();   //将鼠标插入 USB 接口 2
        USBInterface usb3 = new Keyboard();         //将键盘插入 USB 接口 2
        usb1.start();
        usb1.Conn();
        usb2.start();
        usb2.Conn();
        usb3.start();
        usb3.Conn();
        usb1.stop();
        usb2.stop();
        usb3.stop();
    }
}
```

■ 知识拓展

增加主板类，再修改 UseUSB 类，将 USB 接口安装在主板上，然后在 UseUSB 类中将移动硬盘插入到主板的 USB 接口中。代码如下。

```
class MainBoard{
    public void useUSB(USBInterface  usb){//插入符合 USB 接口规范的盘
        usb.start();
usb. Conn();
usb.stop();
    }
}
public class UseUSB {
    public static void main(String[] args) {
MainBoard mainBoard=new MainBoard();
USBInterface  usb1=new MovingDisk(); //在 USB 接口 1 上插入移动硬盘
mainBoard. useUSB (usb1);
    }
}
```

巩固训练：几何图形设计及其面积、周长计算

1. 实训目的

◎　掌握 Java 接口的定义、实现与使用；

◎ 掌握 Java 接口与多态的关系；

◎ 掌握面向接口编程的思想；

◎ 掌握接口中常量的使用。

2. 实训内容

设计几何图形(Shape)、矩形(Rectangle)、圆形(Circle)、正方形(Square)，能够利用接口和多态性计算几何图形的面积和周长，并显示出来。

————————————单元小结————————————

1. 继承

(1) 一个文件中只能有一个公共类。

(2) Java 的继承只能是单继承。

(3) 一个类之所以能够调用父类成员，是由于 Java 编译器会自动为子类添加一个引用名为 super 的父类成员对象。创建子类对象的过程就是从底层的基类往上一层层地来调用构造方法。

(4) 如果调用的父类有构造方法，需要用到 super 关键字。

2. 多态

(1) 多态具体表现在重写和重载。

(2) 多态就是类的多种表现方式。

比如同名不同参，子类重写父类(父类中的方法为 private 时，不能重写，该方法只能被自己的类访问，不能被外部类访问。如果父类方法设置为 public，而子类方法为 private，编译会报错)。

3. 抽象类与接口

(1) 只要有抽象方法，那么这个类就必须是抽象类，必须在类上加 abstract。

(2) 只要是抽象类，就至少有一个抽象方法。

(3) 如果一个类继承了抽象类，就必须重写所有抽象方法。

(4) 继承抽象类方法的函数的权限必须是且必须写 public。

(5) 接口中只包含抽象方法和常量，不能够有变量、初始化块和构造函数。

(6) 一个类可以实现多个接口(修饰符只有默认和 public)。

(7) 必须为所有方法提供实现和保持相同返回值。

(8) 重写接口方法的时候必须加访问权限 public(接口中的方法只声明，不实现，字段都是 final 和 static 的。接口中的方法是 abstract 和 public 的。当类实现接口的时候如果不添加 public，那么它只有包访问权限，这样在方法被继承的过程中，他的访问权限就会被降低。Java 编译器中这种情况是不允许的)。

(9) 多个接口常量和方法名字相同。

(10) 继承接口方法的函数的权限必须是且必须写 public。

单元习题

一、选择题

1. 下面关于继承的说法中正确的是(　　)。
    A. 子类将继承父类所有的属性和方法
    B. 子类将继承父类的非私有属性和方法
    C. 子类只继承父类 public 方法和属性
    D. 子类只继承父类的方法，而不继承属性

2. 下面关于接口的说法中正确的是(　　)。
    A. 实现一个接口必须实现接口的所有方法
    B. 一个类只能实现一个接口
    C. 接口间不能有继承关系
    D. 接口和抽象类是同一回事

3. 以下关于方法覆盖的叙述中正确的是(　　)。
    A. 子类覆盖父类的方法时，子类对父类同名的方法将不能再做访问
    B. 子类覆盖父类的方法时，可以覆盖父类中的 final 方法和 static 方法
    C. 子类覆盖父类的方法时，子类方法的声明必须与其父类中的声明完全相同
    D. 子类覆盖父类的方法时，子类方法的声明只需与其父类中声明的方法名相同

4. 在使用 interface 声明一个接口时，只可以使用(　　)修饰符修饰该接口。
    A. private   B. protected   C. private protected   D. public

二、填空题

1. 接口声明的关键字是＿＿＿＿＿。
2. 如果一个类引用了某个接口，就必须在类体中重写接口中定义的所有＿＿＿＿＿。
3. Java 的源代码中定义了几个类，编译结果就生成几个以＿＿＿＿＿为后缀的字节码文件。
4. Java 规定，当局部变量与成员变量同名时，局部变量会＿＿＿＿＿成员变量。
5. 在 Java 中，this 用来代表＿＿＿＿＿对象。
6. Java 规定，如果子类中定义的成员方法与父类中定义的成员方法同名，并且参数的个数和类型以及＿＿＿＿＿的类型也相同，则父类中的同名成员方法被屏蔽。
7. 当父类的成员被屏蔽时，如果要引用父类中的成员变量或成员方法，就必须使用＿＿＿＿＿来引用。
8. 静态成员变量(或称类变量)是通过＿＿＿＿＿来访问的。

三、简答题

1. 什么叫方法的重载？构造方法可以重载吗？
2. 关键字 this 可以出现在构造方法中吗？可以出现在实例方法中吗？可以出现在类方法中吗？
3. 构造方法有何特点？

4. 简述重载和重写的区别。

5. 什么是接口？接口的作用是什么？

四、编程题

按以下要求编写程序。

(1) 编写 Animal 接口，接口中声明 run()方法。

(2) 定义 Bird 类和 Fish 类实现 Animal 接口。

(3) 编写 Bird 类和 Fish 类的测试程序，并调用其中的 run()方法。

单元 5

数组与异常处理程序设计

学习目标 👉

1. 掌握数组的声明和创建
2. 掌握一维数组遍历
3. 掌握数组的排序、查找、比较等操作
4. 掌握多维数组的遍历和处理
5. 掌握字符串长度、比较、连接、提取、查询
6. 掌握分割字符串、大小写转换等操作的方法
7. 掌握 StringBuffer 对象的常用方法 append()、delete()等

8. 理解 String 和 StringBuffer 的区别
9. 理解异常的概念和用途
10. 掌握使用 try-catch-finally 语句结构
11. 理解 finally 语句的用法
12. 掌握自定义异常的创建和实现抛出的方法
13. 掌握 throw 方法的使用
14. 掌握 throws 方法的使用
15. 理解 throws 和 throw 的区别

任务 5.1　实现学生成绩计算

任务描述 ☞

　对学生成绩进行统计。参加考试的有 6 名学生，考试成绩分别为 94.5,89.0,79.5,64.5,81.5,73.5，计算考试的总分数并保存大于考试平均分的成绩信息，将信息存入数组 HighScore 中。其运行结果如下：

计算本组成员的考试总分数
94.5 89.0 79.5 64.5 81.5 73.5
考试总分数:482.5平均分:80.416664
高于平均分的是:94.5 89.0 81.5

5.1.1　一维数组

1. 数组的声明以及创建

当处理一组相同数据类型的数据时，为了提高处理效率，需要一种高效的数据结构来有效地处理简单或复杂的数据。数组就是一种在内存中连续存储的、具有相同数据类型的随机存储结构，即可以顺序检索，又可以通过索引直接查找。也可以说，数组是相同类型的数据按顺序组成的一种复合数据类型。

(1) 声明数组

声名数组语句包括数组的名字，以及数组包含的元素的数据类型。

声明一维数组有下列两种格式：

格式一：数组元素类型　数组名字[ ];

格式二：数组元素类型[ ] 数组名字;

例如：

```
float score[ ];  double[ ] girl; char cat[ ];
```

通过声明可以使程序知道，在内存空间中有一个连续的内存区域是某种类型的，比如上例中的 float score[ ]表示有许多个 float 类型的变量在 score[ ]数组中，但具体几个不明确。仅仅声明数组 float score[ ]时，不能在内存中创建出数组，只是说明有一个 float 类型的数组名字是 score，因此还要对它分配数组元素空间，指明空间个数。

(2) 创建数组

创建数组实际上就是为数组元素分配内存单元，形成一个数组对象，而使用的关键字与创建对象关键字相同，即 new 关键字。创建一个数组可以分为如下两步：

第一步：数组元素类型　数组名字[ ];

第二步：数组名字= new 数组元素的类型[数组元素的个数];

若将声明与创建两步合并为一步来完成数组创建，格式如下：

数组元素类型　数组名字[ ] =new 数组元素的类型[数组元素的个数];

例如，我们要存储4天的每天最高温度，可以先声明一个 float 类型的名为 dayMaxTemperature 的数组，然后用 new 运算符来创建 4 个连续的 float 类型的数组元素空间。代码片段如下：

```
float dayMaxTemperature[ ];
dayMaxTemperature=new float[4];
```

也可以合并为一步：

```
float dayMaxTemperature[ ]=new float[4];
```

这时在内存中的数组 dayMaxTemperature 结构如图 5-1-1 所示。

图 5-1-1　一维数组内存结构

2. 数组的使用及初始化

创建了数组之后，可以通过数组索引或下标使用数组，下标表示元素在数组中位置。数组的使用格式如下：

数组名 [数组下标]=数据；

例如：

```
float score[ ]; score= new float[4]; score[0]=78.9.7f;
```

声明数组仅仅是给出了数组名字和元素的数据类型，要想真正地使用数组，必须为它分配内存空间，即创建数组。在为一维数组分配内存空间时，必须指明数组的长度。

(1)　为数组分配内存空间并初始化的格式如下：

第一步：数组元素类型　数组名字[ ]；

第二步：数组名字= new 数组元素的类型[数组元素的个数];

第三步：数组名字[下标]=初值。

(2)　简记格式如下：

数组元素类型　数组名字[ ]={ 数据 1, …, 数据 m};

此时未指定数组长度，但通过数据个数可以间接得出其数组长度是 m。例如：

```
float score []=new float[4];
score[0]=78.9f;score[1]=80.4f;score[2]=89.0f;score[3]=88.5f;
```

或者简记为：

```
float score[ ]={ 78.9f, 80.4f, 89.0f, 88.5f};
```

【实例 5-1】声明并创建存放 4 个人考试成绩的一维数组并打印。

```
public class First_Array{
    public static void main(String args[]) {
        float score [] = new float [4];
        score[0] = 78.9f;
        score[1] = 80.4f;
        score[2] = 89.0f;
        score[3] = 68.5f;
```

```
System.out.println(score[0]);
System.out.println(score[1]);
System.out.println(score[2]);
System.out.println(score[3]);
```

该程序产生的输出如下：

```
78.9
80.4
89.0
68.5
```

3. 数组遍历、排序

(1) 数组遍历

数组的遍历是使用循环语句来获取数组中的每一个元素，通过下标来控制访问哪一个元素。为了访问数组方便，Java 提供了一维数组长度的提取办法"数组名.length"，用于返回数组的长度。

【实例 5-2】使用数组 score 保存 4 个考试成绩并使用 for 循环语句来遍历它们。

```
public class VisitAll {
    public static void main(String args[]) {
        float score[] = new float[4];
        score[0] = 78.9f;
        score[1] = 80.4f;
        score[2] = 89.0f;
        score[3] = 88.5f;
        for (int i = 0; i < score.length; i++) {
            System.out.println(score[i]);
        }
    }//main
}//newclass
```

程序运行结果如下：

```
78.9
80.4
89.0
88.5
```

一维数组的遍历比较简单，只要控制一个数组下标就能遍历整个数组。二维数组的遍历要逐行进行循环处理，在每行中使用一维数组的遍历方法，即将每行的列元素一一访问，直到所有行访问完毕为止。

(2) 数组排序

排序是按照关键字的大小将数组重新排列，将其变为按关键字由小到大或者由大到小排序。其中冒泡排序方法的过程是将待排序的数据存放在数组中，自后向前依次两两相互比较，如果后者比前者小，则交换之。一直比较到第一个位置，将数据序列最小的数据选出放在第一个位置。在剩余的数列(除第一个位置数据外的数据)中再自后向前按上述方法比较，直到整个数列有序为止。

【实例 5-3】简单的冒泡排序，按关键字由小到大排列一组整数。

```
public class BubbleSort {
    public static void print(int[] table)//输出数组元素
```

```
    {
        if (table != null)
            for (int i = 0; i < table.length; i++)
                System.out.print(" " + table[i]);
        System.out.println();
    }
    public static void bubbleSort(int[] table) //冒泡排序
    {
        System.out.print("冒泡排序");
        boolean exchange = true;                //是否交换的标记
        for (int i = 1; i < table.length && exchange; i++)
        //有交换时再进行下一趟，最多 n-1 趟
        {
            exchange = false;                   //假定元素未交换
            for (int j = 0; j < table.length - i; j++)
                //一次比较、交换
                if (table[j] > table[j + 1])    //反序时，交换
                {
                    int temp = table[j];
                    table[j] = table[j + 1];
                    table[j + 1] = temp;
                    exchange = true;    //有交换
                }
        }
    }
    public static void main(String[] args) {
        int[] table = { 52, 26, 97, 19, 66, 8, 49 };
        System.out.print("关键字序列: ");
        BubbleSort.print(table);
        BubbleSort.bubbleSort(table);
        BubbleSort.print(table);
    }
}
```

程序运行结果如下：

```
关键字序列: 52 26 97 19 66 8 49
冒泡排序 8 19 26 49 52 66 97
```

4. 用 java.util.Arrays 类操纵数组

java.util 包包含许多常用的包，Arrays 类就是其中一个，它提供了数组的一些常用方法，如排序、查找等。

(1) public static void sort(数值类型[] a)：对指定的数值型数组按数字升序进行排序。在数组排序中，我们自己设计一个简单的冒泡排序程序进行排序。但 Java 在工程化设计中经常采用 Arrays 类的 sort 方法来进行排序。该排序算法是一个经过调优的快速排序法，执行效率高，且实施方便快捷，使开发人员很容易实现排序任务。

【实例 5-4】对无序的 10 个数字使用 Arrays 类的 sort 方法进行排序。

```
import java.util.Arrays;
public class ArraySort {
    public static void main(String[] args) {
        int[] sum = { 1, 4, 2, 3 };
        System.out.println("*****排序前******");
        for (int i = 0; i < sum.length; i++) {
```

```
        System.out.println("sum[" + i + "]=" + sum[i] + " ");
    } //for
    Arrays.sort(sum);
    System.out.println("*****排序后******");
    for (int i = 0; i < sum.length; i++) {
        System.out.println("sum[" + i + "]=" + sum[i]);
    } //for
    }
}
```

该程序产生的输出如下：

```
*****排序前******
sum[0]=1
sum[1]=4
sum[2]=2
sum[3]=3
*****排序后******
sum[0]=1
sum[1]=2
sum[2]=3
sum[3]=4
```

 注　意

　　有序数组对数据的查找效率很高。如果一组有序序列需要频繁查找而较少更新的话，则建议用数组结构，比如输入法中的拼音字库字或词的查找等。

(2) public static int binarySearch(数组, 关键字)：使用二进制搜索算法来搜索指定的数值型数组，以获得指定的值。必须在进行此调用之前对数组进行排序(通过上面的 sort 方法)。如果没有对数组进行排序，则结果是不明确的。

【实例 5-5】对给定的有序数字序列，使用 Arrays 类提供的二分查找来实现给定关键字的查找。

```
import java.util.Arrays;
public class BinSearch {
    public static void main(String args[]) {
        int[] sum1={1,4,2,11,10,20 };
        Arrays.sort(sum1);
        for (int i = 0; i < sum1.length; i++) {
            System.out.print(" " + sum1[i]);
        }
        System.out.print(" 数据 10 的下标是" +
        Arrays.binarySearch(sum1, 10));
    }
}
```

该程序产生的输出如下：

1 2 4 10 11 20 数据 10 的下标是 3

binarySearch 方法先对数据进行排序，再将关键字值与数组中间下标的数值比较。如果小于中间值，则在前半部分执行二分搜索，否则在后半部分搜索；反复进行上述过程，直到找到给定的键值或没找到给定的关键字。

注　意

若数组中的数据需要频繁进行插入、删除操作，建议不要用数组处理，因为频繁移动数据元素效率不高。可以使用动态数组 LinkedList 类，它在 java.util 包中，提供了插入和删除的方法，并且有较高的效率。

5.1.2　二维数组

在学会使用一维数组的声明创建并初始化之后，二维数组和一维数组类似。二维数组初始化的步骤如下。

第一步：数组元素类型　数组名字[ ] [ ]；

第二步：数组名字= new 数组元素的类型[行数] [列数]；

第三步：数组名字[行下标] [列下标]=初值；

数组初始化简化定义格式如下：

数组元素类型　数组名字[ ] [ ]={{数据 1，…，数据 m}，…，{数据 1，…，数据 m}}；

完成二维数组定义和初始化，要遍历内容，使用"数组名[行下标].length"来获得每行的长度值，也就是使用嵌套的循环来完成二维数组遍历，格式如下：

```
for(int i=0;i<数组名.length,i++)
    for(int j=0; i<数组名[i].length,i++){
        System,out.println(数组名[i][j]);
    }
```

【实例 5-6】实现一个数组的转置，操作过程是将二维数组表示的矩阵对应的每一个元素 number[i][j]变成 number[j][i]，如图 5-1-2 所示(对角线数据不变，还是 1,5,9)。代码如下：

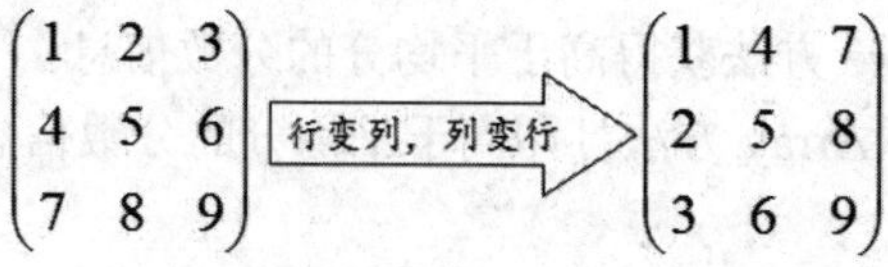

$$\begin{pmatrix} 1 & 2 & 3 \\ 4 & 5 & 6 \\ 7 & 8 & 9 \end{pmatrix} \xrightarrow{\text{行变列，列变行}} \begin{pmatrix} 1 & 4 & 7 \\ 2 & 5 & 8 \\ 3 & 6 & 9 \end{pmatrix}$$

图 5-1-2　二维数组转置

```
import java.util.Scanner;
public class Reverse {
    public static void main(String[] args) {
        int[][] number = new int[3][3];
        System.out.println("随机产生 3*3 的二维数组");
        for (int i = 0; i < number.length; i++).{
            for (int j = 0; j < number[i].length; j++) {
                number[i][j] = (int) (Math.random() * 100);
                System.out.print(number[i][j] + " ");
            }
            System.out.println();
        }
        System.out.println("转置后");
        for (int i = 0; i < number.length; i++) {
            for (int j = 0; j < number[i].length; j++) {
```

```
                        if (i < j) {
                            int temp = number[i][j];
                            number[i][j] = number[j][i];
                            number[j][i] = temp;
                        }
                        System.out.print(number[i][j] + " ");
                    }
                    System.out.println();
                }
            }
        }
```

该程序产生的输出如下:

随机产生 3*3 的二维数组
99 17 77
10 72 11
75 31 99
转置后
99 10 75
17 72 31
77 11 99

5.1.3　实践操作: 学生成绩计算程序编写

1. 实施思路

01　打开 Eclipse, 创建一个类;

02　在类的 main 方法中定义一个含有 6 个元素的实型数组;

03　打印数组元素;

04　通过循环完成数组元素求和;

05　输出总分;

06　计算平均分;

07　通过 getHighScore 方法获得高于平均分的分数信息;

08　最后通过 visitAllArray 方法打印高于平均分的分数信息。

2. 程序代码

```
public class Sum {
    public static float calculate(float a[]) {
        float sum = 0.0f;
        for (int i = 0; i < a.length; i++) {
            sum += a[i];
        }
        return sum;
    }//计算数组数据数值的总和

    public static float[] getHighScore(float a[]) {
        int count = 0;
        float avgscore = calculate(a) / a.length;
        for (int i = 0; i < a.length; i++) {
            if (a[i] > avgscore) {
                count++;
            }
        }//for
```

```
        float b[] = new float[count];          //确定数组的长度为 count 的值
        count = 0;                             //count 初始化为 0
        for (int i = 0; i < a.length; i++) { //筛选高于平均分的学生成绩到 b 数组
            if (a[i] > avgscore) {
                b[count] = a[i];
                count = count + 1;
            }
        }   //for
        return b;
    }   //获取结束

    public static void visitAllArray(float a[]) {  //遍历数组
        for (int i = 0; i < a.length; i++) {
            System.out.print(a[i] + " ");
        }   //循环打印数组
        System.out.println();
    }   //end_visitAllArray

    public static void main(String[] args) {
        System.out.println("计算本组成员的考试总分数");
        float a[] = { 94.5f, 89.0f, 79.5f, 64.5f, 81.5f, 73.5f };
        visitAllArray(a);
        float totalscore = calculate(a);
        System.out.println("考试总分数:" + totalscore + "平均分:" + totalscore
                / a.length);
        System.out.print("高于平均分的是:");
        visitAllArray(getHighScore(a));
    }
}
```

■ 知识拓展

一维数组与二维数组综合实例

本部分我们学习一个使用一维数组和二维数组的综合实例。

【实例 5-7】设计一个学生成绩管理系统，定义一个一维数组，存储 10 个学生名字；定义一个二维数组，存储这 10 个学生的 6 门课(C 程序设计、物理、英语、高数、体育、政治)的成绩；程序应具有下列功能:

(1) 按名字查询某位同学成绩。

(2) 查询某个科目不及格的人数，及学生名单。

其中，存储学生的名字用字符串数组 name 表示，数据如下:

{"a","b","c","d","e","f","g","h","i","l"};

存储学生各科成绩用二维整数数组 grade 表示，数据如下:

{{50,60,70,80,90,10},{40,90,80,60,40,70},{60,80,70,60,40,90},{50,60,70,80,90,10},{60,80,70,60,40,90},{60,70,80,90,70,70},{60,80,70,60,40,90}, {60,80,70,60,40,90}, {70,80,90,70,70,70},{60,80,70,60,40,90}}

核心代码如下:

```
import java.util.*;
public class ArraySortComprehen {
    public static void main(String[] args) {
```

```java
Scanner input = new Scanner(System.in);
String[] name = { "a", "b", "c", "d", "e", "f", "g", "h", "i", "l" };
//存储学生的名字
int[][] grade = { { 50, 60, 70, 80, 90, 10 },
        { 40, 90, 80, 60, 40, 70 }, { 60, 80, 70, 60, 40, 90 },
        { 50, 60, 70, 80, 90, 10 }, { 60, 80, 70, 60, 40, 90 },
        { 60, 70, 80, 90, 70, 70 }, { 60, 80, 70, 60, 40, 90 },
        { 60, 80, 70, 60, 40, 90 }, { 70, 80, 90, 70, 70, 70 },
        { 60, 80, 70, 60, 40, 90 } };//存储学生各科成绩
System.out.println("输入要查询成绩的学生名字: ");
String chioce = input.nextLine();
for (int i = 0; i < name.length; i++) {
    if (name[i].equals(chioce)) {
        System.out.println("学生: " + name[i] + " 的成绩如下: ");
        System.out.println("C 程序设计: " + grade[i][0] + " 物理: "
                + grade[i][1] + " 英语:" + grade[i][2] + " 高数:"
                + grade[i][3] + " 体育:" + grade[i][4] + " 政治:"
                + grade[i][5] + "\n");
        break;
    }
}
System.out.println("输入要查询不及格人数的科目序号\n");
System.out.println("1,C 程序设计 2,物理 3,英语 4,高数 5,体育 6,政治");
int ch = input.nextInt();
int time = 0;
System.out.println("不及格的名单为: ");
for (int i = 0; i < name.length; i++) {
    if (grade[i][ch - 1] < 60) {
        time++;
        switch (i) {
        case 0:
            System.out.println("a");
            break;
        case 1:
            System.out.println("b");
            break;
        case 2:
            System.out.println("c");
            break;
        case 3:
            System.out.println("d");
            break;
        case 4:
            System.out.println("e");
            break;
        case 5:
            System.out.println("f");
            break;
        case 6:
            System.out.println("g");
            break;
        case 7:
            System.out.println("h");
            break;
        case 8:
            System.out.println("i");
            break;
        case 9:
            System.out.println("l");
```

```
                    break;
                }
            }
        }
        System.out.println("该科目不及格人数为:" + time);
    }
}
```

程序输出结果如下:

输入要查询成绩的学生名字:

a

学生: a 的成绩如下:

C 程序设计: 50 物理: 60 英语:70 高数:80 体育:90 政治:10

输入要查询不及格人数的科目序号

1,C 程序设计 2,物理 3,英语 4,高数 5,体育 6,政治

1

不及格的名单为:

a

b

d

该科目不及格人数为:3

巩固训练: 数列求和与猜数游戏程序编写

1. 实训目的

◎　掌握 Java 中数组的声明、创建、初始化和使用;

◎　理解数组的排序。

2. 实训内容

有一个数列 8、4、2、1、23、344、12。实现:

(1)　循环输出数列的值。

(2)　求数列中所有数值的和。

(3)　猜数游戏: 从键盘中任意输入一个数据, 判断数列中是否包含此数。

任务 5.2　实现天气预报信息处理

任务描述 ☞

实现一个天气预报数据处理的功能, 能提供在线的信息编辑处理, 比如插入删除和修改, 以及查找、替换等。对天气预报数据处理要求为:

(1)　将每日的天气用字符串数组表示;

(2)　将每日的天气转为可编辑字符串数组表示;

(3)　将每日的天气中每个空格处替换为",", 在日期前加序号格式1、2 等;

(4)　获得第 5 日夜间的温度。

运行结果

5 日星期一 白天 多云 高温 11℃ 微风夜间 晴 低温 2℃ 微风

6 日星期二 白天 晴 高温 15℃ 微风夜间 晴 低温 4℃ 微风

1、5 日星期一,白天,多云,高温,11,微风夜间,晴,低温,2℃,微风 3 级

2、6 日星期二,白天,晴,高温,15,微风夜间,晴,低温,4℃,微风 3 级

5 日夜间温度:温度:2℃

5.2.1　创建 String 字符串

在 Java 中,字符串是一连串的字符。但是与许多其他的计算机语言将字符串作为字符数组处理不同,Java 将字符串作为 String 类型对象来处理。将字符串作为内置的对象处理,允许 Java 提供十分丰富的功能特性,以方便处理字符串。字符串是由字符组成的序列,用双引号引起来。Java 语言提供了两种字符串类:一类是不可变的字符串 String,另一类是可变的字符串 StringBuffer。创建字符串方式归纳起来有 3 种:

(1) 第一种,使用 new 关键字创建字符串。例如:

```
String s1 = new String("星期一");
```

(2) 第二种,直接指定。例如:

```
String s2 = "星期一";
```

(3) 第三种,使用串联生成新的字符串。例如:

```
String s3 = "星期一" + "白天";
```

5.2.2　String 类的常用操作

String 类包括的方法有求字符串长度,比较字符串,搜索字符串,提取子字符串等。String 表示一个 UTF-16 格式的字符串。

String 类的常用操作

1. 计算字符串长度

使用 length()方法可以获得字符串中字符的个数。例如:

```
String title="星期一";
System.out.println(title.length());
```

打印字符串的长度 3。

2. 比较两个字符串对象的内容

使用方法 equals(Object anObject)可以比较此字符串与指定的对象。当且仅当该参数不为 null,并且是表示与此对象相同的字符序列的 String 对象时,结果才为 true。例如:

```
String title1="星期一";
String title2="星期二";
System.out.println(title1.equals(title2))
```

打印输出 false。

3. 获得指定位置的字符

方法 charAt(int index)可以返回指定索引处的 char 值，索引范围为从 0 到 length() - 1。序列的第一个 char 值在索引 0 处，第二个在索引 1 处，依此类推，这类似于数组索引。例如：

```
String title="星期一";
System.out.print(title.charAt(0));//输出字符'星'
System.out.print(title.charAt(title.length()-1));//输出字符'一'
```

4. 返回字符串第一次出现的位置

方法 indexOf(String str)可以返回第一次出现的指定子字符串在此字符串中的索引。例如：

```
String title="青青河边草";
title.indexOf("河边");//得到"河边"字符串的位置 2
```

5. 获取子串

方法 substring(int beginIndex, int endIndex)可以返回一个新字符串，它是此字符串的一个子字符串。例如：

```
String title="青青河边草";
title.substring(2,4);//获得内容为"河边"的子字符串
```

6. 拆分字符串

方法 split(String regex)可以按照给定的字符串拆分指定的字符串。例如：

```
String title="青青 河边草";
String data[]=new String[2];
title.split(" ");
System.out.println(data[0]);
System.out.println(data[1]);
```

打印"青青"和"河边草"。

7. 忽略前导空白和尾部空白

方法 trim()可以返回字符串的副本，忽略前导空白和尾部空白。例如：

```
String greeting="你好！ ";
String name="王先生";
String title=greeting.trim()+name;//title 为：你好！王先生
```

8. 替换旧的字符为新字符

方法 replace(char oldChar, char newChar)可以返回一个新的字符串，它是通过用 newChar 替换指定字符串中出现的所有 oldChar 得到的。例如：

```
String title="今天天气晴朗";
title.replace('晴朗','多云');
```

5.2.3　StringBuffer 类的常用方法

StringBuffer 类和 String 一样，也用来代表字符串，只是由于 StringBuffer 的内部实现方

式和 String 不同，所以 StringBuffer 在进行字符串处理时，不生成新的对象，在内存使用上要优于 String 类。所以在实际使用时，如果经常需要对一个字符串进行修改，例如插入、删除等操作，使用 StringBuffer 要更加适合一些。但是有一点要注意，对于 StringBuffer 对象的每次修改都会改变对象自身，这点是和 String 类最大的区别。StringBuffer 类位于 java.lang 基础包中，因此要使用它的话不需要特殊的引入语句。StringBuffer 类的常用方法如下所示。

1. StringBuffer()

StringBuffer 类的构造方法构造一个其中不带字符的字符串缓冲区，其初始容量为 16 个字符。例如：

```
StringBuffer sb = new StringBuffer();
```

2. StringBuffer(String str)

使用该方法构造一个字符串缓冲区，并将其内容初始化为指定的字符串内容。例如：

```
StringBuffer sb1 = new StringBuffer("123");
```

3. append(String str)

使用该方法将指定的字符串追加到指定字符序列。例如：

```
String user = "test";
StringBuffer sqlquery= new StringBuffer("select * from userInfo where
username=");
sqlquery.append(user);
System.out.println(sqlquery);
```

打印输出：

```
select * from userInfo where username=test
```

4. insert(int offset, String str)

使用该方法将字符串 str 插入字符序列中。例如：

```
String title="今天晴朗";
title.insert(2,"天气");
```

title 得到的信息为"今天天气晴朗"。

5. toString()

使用该方法返回指定序列中数据的字符串表示形式。例如：

```
StringBuffer sb2 = new StringBuffer(s);//String 转换为 StringBuffer
String s1 = sb1.toString(); //StringBuffer 转换为 String
```

6. replace(int start, int end, String str)

使用该方法将字符串中的从 start 开始到 end-1 结束的子字符串替换为子字符串 str。例如：

```
String title="今天天气晴朗";
title.replace(0,2,"明天");
System.out.print(title);
```

打印 title 的信息是"明天天气晴朗"。

7. substring(int start, int end)

使用该方法返回一个新的 String，它包含此序列当前所包含的字符子序列。例如：

```
StringBuffer sbx4 = new StringBuffer("hello world!");
System.out.println(sbx4.substring(6, 11).toString());
```

打印结果为 world。

8. delete(int start, int end)

使用该方法移除指定序列的子字符串。例如：

```
StringBuffer sbx1 = new StringBuffer("TestString");
sbx1.delete (0,4);
System.out.println(sbx1);
```

打印输出 Test。

5.2.4　实践操作：天气预报信息处理程序设计

1. 实施思路

字符串 String 提供了很多方法，可以求长度、查找字符串、替换字符串、去掉首尾空格等。StringBuffer 提供了追加和删除、插入操作。解决问题的步骤为：先定义一个变量存放字符串，然后使用字符串的相关方法实现功能。

01 打开 Eclipse，创建一个类 weatherforcast；

02 声明一个 String 类的对象 weatherforcast；

03 利用 String 类的方法求长度、查找子字符串，并将天气预报的内容按天分为两个 String 对象；

04 用数组表示两个 String 对象；

05 利用 String 类实现查找、替换、获取长度等操作；

06 利用 StringBuffer 实现追加和删除等操作。

2. 程序代码

```
public class WeatherForcast {
    public static String[] splite(String weatherData, String
                                  dateOfWeather) {
        String eachDayOfReport[] = new String[2];//存放每天的天气情况
        eachDayOfReport = weatherData.split(dateOfWeather);
        eachDayOfReport[1] = dateOfWeather + eachDayOfReport[1];
        return eachDayOfReport;
    }
    public static void getNightTemperature(String data, String night)
{
        int begin = data.indexOf(night);
        int end = 0;
        for (int i = 0; i < 3; i++) { //向后移 3 个",",返回索引
            begin = data.indexOf(",", begin + 1);
            end = data.indexOf(",", begin + 1);
        }
```

```
            System.out.println("温度:" + data.substring(begin + 1, end));
            //显示夜间温度
        }//获得夜间温度
    public static void main(String[] args) {
        String weatherforcast = "5 日星期一 白天 多云 高温 11℃ 微风" +
            "夜间 晴 低温 2℃ 微风"+
    "6 日星期二 白天 晴 高温 15℃ 微风" + "夜间 晴 低温 4℃ 微风";
        String eachDayOfReport[] = new String[2];//存放每天的天气
        eachDayOfReport = splite(weatherforcast, "6 日");
        for (int count = 0; count < eachDayOfReport.length; count++)
            System.out.println(eachDayOfReport[count]);
        StringBuffer stb[] = { new StringBuffer(eachDayOfReport[0]),
            new StringBuffer(eachDayOfReport[1]) };
            //创建可编辑字符串数组
        for (int i = 0; i < stb.length; i++) {
            String modifiedText = (stb[i].toString()).replaceAll(" ", ",");
            stb[i].replace(0, stb[i].capacity(), "");
            stb[i].append(modifiedText);//追加修改后的文本
            stb[i].append("3 级");//追加微风 3 级
            int b = stb[i].toString().indexOf("℃");
            stb[i].delete(b, b + "℃".length());//删除第一个℃
            stb[i].insert(0, Integer.toString(i + 1) + "、");//插入序号
            System.out.println(stb[i].toString());
        }
        System.out.print("5 日夜间温度:");
        getNightTemperature(stb[0].toString(), "夜间");//获得 5 日夜间温度
    }
}
```

■知识拓展

StringTokenizer 类

在 Java 语言中，提供了专门用来分析字符串的类 StringTokenizer(位于 java.util 包中)。该类可以将字符串分解为独立使用的单词，并称之为语言符号。语言符号之间由定界符 (delim)或者空格、制表符、换行符等典型的空白字符来分隔。其他的字符也同样可以设定为定界符。

(1) StringTokenizer 类的构造方法

◎ StringTokenizer(String str, String delim): 为字符串 str 构造一个字符串分析器，并使用字符串 delim 作为定界符。

(2) StringTokenizer 类的主要方法及功能

◎ String nextToken(): 用于逐个获取字符串中的语言符号(单词)。

◎ boolean hasMoreTokens(): 用于判断所要分析的字符串中，是否还有语言符号，如果有则返回 true，反之返回 false。

◎ int countTokens(): 用于得到所要分析的字符串中，一共含有多少个语言符号。

【实例 5-8】使用 StringTokenizer 统计单词的个数。

```
import java.util.StringTokenizer;
    public class WordCounting {
        public static void main(String[] args) {
            int count = 0;
            String content = "This is a test. Please be honesty!";
```

```
StringTokenizer st = new StringTokenizer(content, ".! ");
while (st.hasMoreTokens()) {
    System.out.println(st.nextToken());
    count++;
}
System.out.println("单词个数:" + count);
}
}
```

该程序产生的输出如下:

```
This
is
a
test
Please
be
honesty
单词个数:7
```

巩固训练：对输入的 Java 源文件名以及邮箱地址的检测编程实现

1. 实训目的

◎　掌握 Java 中字符串的创建和使用；

◎　熟悉字符串的常见操作及方法；

◎　熟悉 StringBuffer 类的方法。

2. 实训内容

使用作业提交系统提交 Java 作业时，需要输入 Java 源代码文件名，并输入自己的邮箱，提交前对 Java 文件名以及邮箱地址进行检查。

编写代码，实现对输入的 Java 源文件名以及邮箱地址的检测。

任务 5.3　实现一个除法计算器

任务描述 ☞

编写一个除法计算器，程序要求在出现除数为零和除数、被除数中有一个不是数字的情况时进行相应的处理。当调用存放在数组中的计算结果时，数组有可能产生索引越界，对这种情况进行捕捉和处理。其运行结果如下:

```
请输入除数:0
请输入被除数:10
异常 2:除数不能为零!
最后要执行的内容 5!
```

5.3.1　异常概念以及处理机制

在生活中，发生异常我们懂得如何处理，那么在 Java 程序中，又该如何处理异常呢？异常处理就像我们平时可能会遇到的意外情况，预想好的一些

异常概念以及
处理机制

处理的办法。也即是说，在程序执行代码的时候，万一发生了异常，程序会按照预定的处理方法对异常进行处理，异常处理完毕之后，程序继续运行。但异常处理的机制需要落实到具体的处理代码上，Java 的异常处理方式有两种："捕捉异常"的异常处理方式对受检异常、运行时异常均适用，捕捉异常处理语句是 try-catch；"上报异常"是当前的代码不能处理产生的异常，将异常交给调用它的上级进行处理的异常处理方法。

5.3.2 异常的分类

Java 异常分为系统异常和自定义异常。异常处理的分类如图 5-3-1 所示。

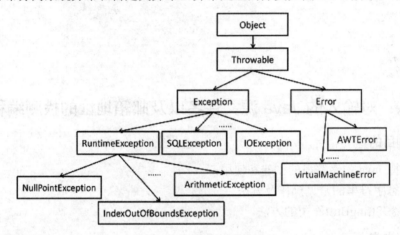

图 5-3-1 系统异常的分类

1. 系统异常

在 Java 的系统异常中，Throwable 是它们的父类，其子类有 Error 和 Exception。前者表示程序运行时发生的内部异常，程序员无法处理。后者是程序运行和环境产生的异常，可以捕获和处理。在开发中遇到的异常绝大部分是 Exception 异常。

Java 中几个常见的异常如下。

(1) ArithmeticException：当出现异常算术条件时产生；

(2) NullPointeException：当应用程序企图使用需要的对象为空时产生；

(3) ArrayIndexOutOfBoundsException：数组下标越界时产生；

(4) ArrayStoreException：当程序试图存储数组中错误的数据时产生；

(5) FileNotFoundException：试图访问的文件不存在时产生；

(6) IOException：由一般 I/O 故障引起，如读文件故障；

(7) NumberFormatException：当把字符串转换为数值型数据失败时产生；

(8) OutOfMemoryException：内存不足时产生；

(9) StackOverflowException：当系统的堆栈空间用完时产生。

2. 自定义异常

Java 内置的异常能够处理大多数常见的运行时错误，但也可以自己定义异常来处理系统无法捕获的异常。

5.3.3 异常的捕获与处理

1. try-catch 语句

捕获处理方式主要是使用 try-catch，将可能出现的错误用 try 语句包绕，当 try 中的语句出现异常时，就停止当前程序的执行，转入到 catch 执行语句处理异常。也就是说 try 语句用来发现异常，而 catch 语句用来处理异常。

异常处理语句的结构格式如下：

```
try{
    程序代码
    }catch(异常类型 1 异常的变量名 1){
        程序代码
    }catch(异常类型 2 异常的变量名 2){
        程序代码
    }finally{
        程序代码
    }
```

> **提 示**
>
> catch 语句的参数包括一个异常类型和一个异常对象，异常对象必须为 Throwable 的子类，指明了 catch 语句可以处理的异常类型。catch 语句可以有多个，分别处理不同类型的异常。一个 catch 语句也可以捕捉多个异常类型，此时，catch 的异常类型参数应该是这些异常类型的父类。

【**实例 5-9**】 输入一个整数并计算该整数是奇数还是偶数。

```java
import java.util.Scanner;
public class InputException {
    public static void main(String args[]) {
        int input = 0;
        Scanner s = new Scanner(System.in);
        System.out.println("请输入一个整数: ");
        try {
            input = s.nextInt();
            if (input % 2 == 0) {
                System.out.println("输入整数为偶数! ");
            } else {
                System.out.println("输入整数为奇数! ");
            }
        } catch (InputMismatchException e) {
            System.out.println("输入类型不正确! ");
        }
    }
}
```

该程序产生的输出如下：

请输入一个整数：
4
输入整数为偶数！

2. 多个 catch 语句

当某个程序块可能出现多个异常时，可以用多个 catch 语句，每个 catch 语句捕获一种异常；捕获异常的顺序和 catch 语句的顺序有关，当捕获到一个异常时，剩下的 catch 语句就不再进行匹配。

【实例 5-10】从键盘输入一个 double 类型的数字。如果给出的不是 double 类型数字，会产生异常。

```
import java.util.Scanner;
public class StringToDouble {
    public static void main(String[] args) {
        Scanner in = new Scanner(System.in);
        try {
            String str = in.nextLine();
            double doub = Double.parseDouble(str);
        } catch (NumberFormatException ne) {
            System.out.println("异常1:");
            ne.printStackTrace();
        } catch (Exception e) {
            System.out.println("异常2:");
            e.printStackTrace();
        } finally {
            System.out.println("异常处理完备");
        }
    }
}
```

该程序产生的输出如下：

```
56.o
异常1:
异常处理完备
```

> **注　意**
>
> 在安排 catch 语句的顺序时，首先应该捕获最特殊的异常，然后再逐渐一般化。也就是一般先安排子类，再安排父类。

3. finally 语句

finally 语句是为异常处理事件提供的一个清理机制，一般是用来关闭文件或释放其他系统资源。作为 try-catch-finally 结构的一部分，可以没有 finally 语句；如果存在 finally 语句；不论 try 块中是否发生异常，是否执行过 catch 语句，都执行 finally 语句。

【实例 5-11】从键盘接收一个整数数字，不论发生异常与否，都会执行 finally 语句。

```
import java.util.Scanner;
public class FinallyDemo {
    public static void main(String[] args) {
        try {
            System.out.print("输入一个正整数：");
            Scanner s = new Scanner(System.in);
            int data = s.nextInt();
        } catch (Exception e) {
            System.out.println(e);
```

```
        } finally {
            System.out.print("finally 语句块！");
        }
    }
}
```

该程序产生的输出如下：

```
输入一个正整数：u
java.util.InputMismatchException
finally 语句块！
```

5.3.4　实践操作：除法计算器程序设计

1. 实施思路

输入两个数，将两个数相除。但在程序运行时，会产生很多意想不到的输入问题，如输入数中出现了字母、特殊符号等，程序无法正确运行下去。本任务采用异常捕获和处理技术保证程序的健壮性。

01 打开 Eclipse，创建一个类；

02 在 main 方法中输入两个数并相除；

03 输入的两个数以及两个数相除会产生异常，对这段代码进行异常处理；

04 编写测试类，运行程序。

2. 程序代码

```java
import java.util.InputMismatchException;
import java.util.Scanner;
public class Divider {
    public static void main(String[] args) {
        int result[] = { 0, 1, 2 };
        int oper1 = 0;
        int oper2 = 0;
        Scanner in = new Scanner(System.in);
        try {
            System.out.print("请输入除数:");
            oper1 = in.nextInt();
            System.out.print("请输入被除数:");
            oper2 = in.nextInt();
            result[2] = oper2 / oper1;
            System.out.println("计算结果: " + result[3]);
        } catch (InputMismatchException e1) {
            System.out.println("异常1:输入不为数字!");
        } catch (ArithmeticException e2) {
            System.out.println("异常2:除数不能为零!");
        } catch (ArrayIndexOutOfBoundsException e3) {
            System.out.println("异常3:数组索引越界!");
        } catch (Exception e4) {
            System.out.println("其他异常4:" + e4.getMessage());
        } finally {
            System.out.println("最后要执行的内容5!");
        }
    }
}
```

■知识拓展■

通过 Exception 对象追踪错误信息的常用方法

在使用 try-catch-finally 处理异常时也会通过 Exception 对象追踪错误信息,下面是几个常用的方法。

(1) printStackTrace(): 其追踪输出至标准错误流。

【实例 5-12】输入课程代号 1~3,得到代号对应的课程。

```java
import java.util.Scanner;
public class TestException1 {
    public static void main(String[] args) {
        System.out.print("请输入课程代号(1~3 之间的数字):");
        Scanner in = new Scanner(System.in);
        try {
            int courseCode = in.nextInt();

        } catch (Exception ex) {
            System.out.println("输入不为数字!");
            ex.printStackTrace();
        } finally {
            System.out.println("欢迎提出建议!");
        }
    }
}
```

该程序产生的输出如下:

```
请输入课程代号(1~3 之间的数字):1
输入不为数字!
欢迎提出建议!
java.util.InputMismatchException
    at java.util.Scanner.throwFor(Unknown Source)
    at java.util.Scanner.next(Unknown Source)
    at java.util.Scanner.nextInt(Unknown Source)
    at java.util.Scanner.nextInt(Unknown Source)
    at TestException1.main(TestException1.java:7)
```

(2) getStackTrace(): 返回堆栈跟踪元素的数组,每个元素表示一个堆栈帧。数组的第 0 个元素(假定数据的长度为非零)表示堆栈顶部,它是序列中最后的方法调用。该方法会输出详细异常、异常名称和出错位置,便于调试。

(3) getMessage(): 返回此异常的消息字符串。只会获得具体的异常名称,比如 NullPoint 空指针,也就是告诉你为空指针。

巩固训练: 异常处理练习(一)

1. 实训目的

◎ 掌握 Java 的异常处理机制;

◎ 掌握运用 try、catch、finally 处理异常。

2. 实训内容

编写一个类 ExceptionTest，在 main 方法中使用 try、catch、finally 关键字；在 try 块中，编写被两个数相除操作，其中除法的两个操作数要求运行时用户输入；

在 catch 块中，捕获被 0 除所产生的异常，并且打印异常信息；

在 finally 块中，打印一条语句。

任务 5.4　实现一个最大公约数计算器

任务描述 ☞

在数学计算或数字分析中，经常会用到计算两个数的最大公约数的问题。输入两个正整数，当两个数字有一个不是正整数时会产生异常。当输入非整数数字时，也产生异常。输入无错误后，可计算两个数的最大公约数。其运行结果如下：

```
请输入数字 m:4
请输入数字 n:26
4 和 26 的最大公约数 2
数字-12 或 22 不是正整数
```

5.4.1　自定义异常

Java 内置的异常能够处理大多数常见的运行时错误，但也可以自己定义，自定义异常可通过重载 Exception 构造方法来得到。创建自定义异常是为了表示应用程序的一些错误类型，为代码可能发生的一个或多个问题提供新含义。

自定义异常

如果 Java 提供的系统异常类型不能满足程序设计的需求，我们可以设计自己的异常类型。用户定义的异常类型必须是 Throwable 的直接或间接子类。Java 推荐用户的异常类型以 Exception 为直接父类。创建用户异常的格式如下：

```
class 异常类名 extends Exception
{
    public 异常类名(String msg)
    {
        super(msg);
    }
}
```

相关解释如下。

(1) 使用关键字 extends 继承异常类 Exception，创建自己的异常类；

(2) 自定义异常的构造方法中，参数 msg 用来给自定义异常命名，super 方法给其父类赋名称。

【实例 5-13】定义一个自定义非整数异常。

```
class NopositiveException extends Exception{
    String message;
    NopositiveException(int m, int n) {
```

```
            message = "数字" + m + "或" + n + "不是正整数";
        }
    public String toString() {
            return message;
        }
    }
```

5.4.2 抛出异常 throw

在程序设计时,有些异常不是系统可以判定的,当逻辑条件满足某种特定情况时则要主动(手动)抛出异常,即使用 throw 语句抛出异常,它的基本格式如下:

throw 异常实例对象;

这里异常实例对象一定是 Throwable 类或者它的一个子类。例如:

```
throw new NopositiveException();//抛出非整数异常
throw new ArrayIndexOutOfBoundsException();//抛出一个数组越界异常
```

5.4.3 上报异常 throws

如果一个方法可以导致一个异常但不处理该异常,就可以使用 throws 语句来声明该异常,其基本语法格式为:

返回值 方法名(参数列表) throws 异常列表

异常列表列举了一个方法可能出现的所有异常类型,各个异常类型之间用逗号隔开。

【实例 5-14】调用方法在控制台获得一个整数,由 getData 上报异常,在 main 方法中捕获。

```
import java.util.*;
public class ThrowsDemo {
    public static void getData() throws NumberFormatException {
        throw new NumberFormatException();
        //格式不正确上报异常
    }
    public static void main(String[] args) {
        try {
            getData();
        } catch (Exception e) {
            System.out.println(e);
        }
    }
}
```

该程序产生的输出如下:

java.lang.NumberFormatException

5.4.4 实践操作:最大公约数计算器设计

1. 实施思路

分别输入两个整数,可以用 java.util.Scanner 的 nextInt()方法。但在程序运行时,会产生很多意想不到的输入问题，如输入的数字带小数或非数字、特殊符号等，还有的情况是求公约数的数字为负数，程序的运行就不正确了，严重时程序会发生中断，无法正确运行下去。要保证程序的健壮性，可以采用异常捕获和处理技术。

01 打开 Eclipse，创建一个类 MaxFactor；

02 在类中定义一个方法，完成最大公约数的计算，声明该方法会抛出什么异常，同时在该方法内人为抛出一个异常对象；

03 在 main 方法中调用定义的方法，并且捕获方法抛出的异常，再进行处理。

2. 程序代码

```java
import java.util.Scanner;
class NopositiveException extends Exception//自定义的异常信息
{
    String message;
    NopositiveException(int m, int n) {
        message = "数字" + m + "或" + n + "不是正整数";
    }
    public String toString() {
        return message;
    }
}
class Computer {
    public int getMaxCommonDivisor(int m, int n) throws NopositiveException
{
        if (n <= 0 || m <= 0) {
            NopositiveException exception = new NopositiveException(m, n);
            throw exception;
        }
        if (m < n) {
            int temp = 0;
            temp = m;
            m = n;
            n = temp;
        }
        int r = m % n;
        while (r != 0) {
            m = n;
            n = r;
            r = m % n;
        }
        return n;
    }
}
public class MaxFactor{
    public static void main(String args[]) { //要输入的内容整数m=24,n=36
        int m = 0, n = 0, result = 0;
        Computer a = new Computer();
        try {
            Scanner input = new Scanner(System.in);
            System.out.print("请输入数字m:");
            m = input.nextInt();
            System.out.print("请输入数字n:");
            n = input.nextInt();
            result = a.getMaxCommonDivisor(m, n);
            System.out.println(m + "和" + n + "的最大公约数 " + result);
            m = -12;
```

```
                n = 22;
                result = a.getMaxCommonDivisor(m, n);
                System.out.println(m + "和" + n + "的最大公约数 " + result);
            } catch (NopositiveException e) {
                System.out.println(e.toString());
            }
        }
    }
```

■ 知识拓展

接口异常

我们在使用 JDK 的 API 帮助文档时，能看到包中提供类的方法上会说明在使用不当时会上报异常，下面我们以 String 类的 charAt(int index) 方法为例说明 throws 的用法。打开 charAt 方法，可以看到下列信息：

charAt: public char charAt(int index)返回指定索引处的 char 值。索引范围为从 0 到 length() −1。序列的第一个 char 值位于索引 0 处，第二个位于索引 1 处，依此类推，这类似于数组索引。如果索引指定的 char 值是代理项，则返回代理项值。

指定者: 接口 CharSequence 中的 charAt。

参数: index - char 值的索引。

返回: 此字符串指定索引处的 char 值。第一个 char 值位于索引 0 处。

抛出: IndexOutOfBoundsException -如果 index 参数为负或小于此字符串的长度。

在最后一行显示抛出 IndexOutOfBoundsException。也就是给定索引超范围会上报该实例对给定的字符串 title 求指定位置的字符类异常。代码如下：

```
import java.util.*;
public class AddedDemo {
    public static char getChar(String s) throws IndexOutOfBoundsException {
        char c = s.charAt(50);
        return c;
    }
    public static void main(String[] args) {
        String title = "阿里巴巴网络技术有限公司：通讯地址：中国杭州市滨江区网商路
                        699号滨江新园区";
        try {
            char gchar = getChar(title);
        } catch (IndexOutOfBoundsException e) {
            System.out.println(e);
        }
    }
}
```

该程序产生的输出如下：

```
java.lang.StringIndexOutOfBoundsException: String index out of range: 50
```

巩固训练：异常处理练习(二)

1. 实训目的

◎ 掌握 throw 抛出异常；

◎ 掌握 throws 声明异常；

◎ 掌握自定义异常。

2. 实训内容

给身份证号码 id 设置值，当给定的值长度为 18 时，赋值给 id；当值长度不为 18 时，抛出 IllegalArgumentException 异常，然后捕获和处理异常。请编写程序。

────────────── 单元小结 ──────────────

在日常生活中，要统计分析一个月中每天的最高温度或计算某个股票价格的平均值、变化趋势等，需要一种结构存放上述数据并加以处理。Java 中的数组可以解决上述问题，数组可以轻松地把数据存储起来并加以处理。除此之外，现实中还有一种特殊的数据——文本数据，如文档资料(Word、Excel 格式)、Web 页面、手机短信等，Java 中字符串处理技术提供了多种文本数据的存储和编辑处理方法，能够高效、方便地分析处理不同的文本数据。本单元主要讲解了与数据处理有关的 Java 技术(数组、字符串)以及提高程序健壮性的异常处理技术。

────────────── 单元习题 ──────────────

一、选择题

1. 下列关于数组的定义形式，错误的是(   )。

    A. int [ ]c=new char[10];　　　　　　　　B. int[][3]=new int[2][];

    C. int[]a; a=new int;　　　　　　　　　　D. char b[]; b=new char[80];

2. 执行 "String[] s=new String[10];" 语句后，结论正确的是(   )。

    A. s[0]为未定义　　　B. s.length 为 10　　　C. s[9]为 null　　　D. s[10]为 " "

3. 下列关于 Java 语言的数组描述中，错误的是(   )。

    A. 数组的长度通常用 length 表示　　　　B. 数组下标从 0 开始

    C. 数组元素是按顺序存放在内存的　　　　D. 数组在赋初值和赋值时都不判界

4. 定义字符串 String str="abcdefg"，则 str.indexOf('d')的结果是(   )。

    A. 'd'　　　　　　　B. true　　　　　　C. 3　　　　　　D. 4

5. 定义变量 boolean b=true，则 String.valueOf(b)的类型是(   )。

    A. boolean　　　　　B. String　　　　　C. false　　　　　D. int

6. 关于异常的定义，下列描述中最正确的一个是(   )。

    A. 程序编译错误

    B. 程序语法错误

    C. 程序自定义的异常事件

    D. 程序编译或运行中所发生的可预料或不可预料的异常事件，它会引起程序的中断，影响程序的正常运行

7. 抛出异常时，应该使用下列(   ) 子句。

    A. throw　　　　　　B. catch　　　　　C. finally　　　　　D. throws

二、填空题

1. 在 Java 语言中,将源代码编译成_____时产生的错误称为编译错误,而将程序在运行时产生的错误称为运行错误。

2. Java 的异常类可以分为_____类和_____类。

3. 自定义的异常类必须为_____的子类。

4. 要使用自定义异常类的继承方式,必须使用_____关键字。

5. Java 发生异常状况的程序代码放在_____语句块中,异常状况的处理代码放于_____语句块中,而_____语句块则是必定会执行的语句块。其中_____语句可以有多个,以捕获不同类型的异常事件。

6. 当在一个方法的代码中抛出一个检测异常时,该异常被方法中的_____捕获,或在方法的_____中声明。

7. 异常处理机制可以根据具体的情况选择在何处处理异常,可以在_____捕获并处理,也可以通过 throws 子句将其交给调用栈中_____去处理。

8. 一个 try 代码段后面必须跟着若干个_____代码段或者一个_____代码段。

9. Java 语言中常用异常类 IOException 是用来处理_____异常的类。

10. Java 语言中常用异常类 ClassNotFoundException 是用来处理_____异常的类。

三、简答题

1. 什么是数组?数组有哪些特点?

2. 如何遍历一个数组?

3. 要初始化一个一维数组有哪些方法?

4. 简述 String 类和 StringBuffer 类的区别。

5. 简述 try-catch-[finally] 三个语句块的主要功能。finally 语句块与 catch 语句块是否可以同时都没有?

6. 请写出自定义异常的步骤。

7. 简述 throw 语句和 throws 语句的区别。

四、编程题

1. 编写一个方法 search(int a[], in x),若数组 a 中存在值为 x 的元素,则返回该元素的下标值,否则返回-t。

2. 字符串解析,现有字符串"卡巴斯基#杀毒软件#免费版#俄罗斯#",解析出字符串的每个元素。

3. 一个班级的学生成绩保存在长度为 10 的数组中,计算不及格的学生数目。

4. 主动产生一个空指针异常,用 catch 语句捕获并输出异常。

单元6

静态界面布局与设计

学习目标 👉

1. 了解工具包 AWT、工具包 Swing 的使用方法
2. 掌握 JLabel、JTextField、JButton 类的使用方法
3. 掌握常见 Swing 组件的特点
4. 掌握 Java 布局管理方式和布局管理器
5. 掌握常见布局方式的特点和使用方法

任务 6.1   实现一个油耗计算器

任务描述 👉

　　用户在指定的区域输入加油钱数、汽车跑的公里数和汽油的价格，单击"计算"按钮，计算显示百公里油耗。

　　计算公式为：百公里油耗(升) = 加油钱数/汽油的价格/汽车跑的公里数*100。运行结果如图 6-1-1 所示。

图 6-1-1   运行结果

　　Java 对 GUI 的支持包括基本控件、界面容器、事件机制、布局设计、图形和图像等，并提供了大量的类来实现界面设计。可以实现图形界面的主要有 AWT 工具集和 Swing 工具集。

6.1.1   抽象窗口工具集(AWT)

抽象窗口
工具包(AWT)

　　AWT 是 Abstract Window Toolkit 的缩写，称为抽象窗口工具集，AWT 由 Java 中的 java.awt 包提供，是 Java 基础类的一部分。AWT 提供了构建用户界面的组件，如菜单、按钮、文本框、对话框、复选框等，可以根据图形界面组件的输入实现事件处理。此外，AWT 允许绘制图形、处理图像、控制用户界面的布局、修改字体显示以及利用本地剪贴板实现数据传送等具有辅助性质的类。AWT 中类与类之间的关系如图 6-1-2 所示，由 Component 类的子类或间接子类创建的对象称为一个组件(又称控件)。Java 把由 Container 的子类或间接子类创建的对象称为一个容器，可以把组件添加到容器中。

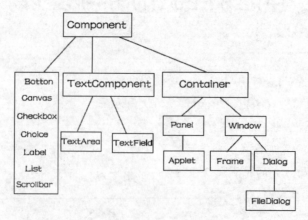

图 6-1-2   AWT 类体系结构

　　由于 AWT 属于重量级组件，消耗资源比较多、在不同操作系统中外观也会有所不

同，而且其功能受限于本地组件。为了克服这些缺点，Java 在 AWT 基础上又提供了
Swing 组件。

6.1.2　Swing 组件简介

　　Swing 组件由 javax.swing 包提供，是内容丰富、功能强大的轻量级组件。其设计和
AWT 不同，与显示和事件有关的许多处理工作都由 Java 编写的 UI 类来完成。轻量级组件
占用资源较少，效率较高，显示外观与平台无关，功能更强更灵活。Swing 是纯 Java 语言
实现的，并不依赖本地的工作平台。Swing 具有和 AWT 同性质的组件，如按钮等。从命名
的角度看，Swing 组件第一个字母都是 J，比如 AWT 按钮组件命名为 Button，而 Swing 按
钮组件命名为 JButton，如图6-1-3所示。Swing 还定义了其他具体应用的组件，如树组件、
表组件和列表组件等。

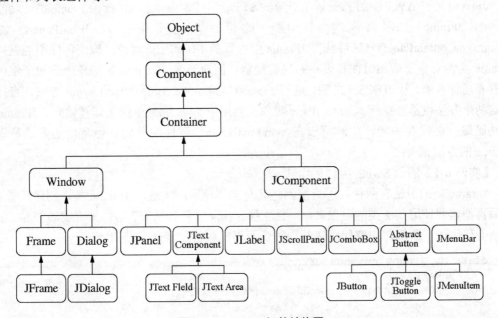

图 6-1-3　Swing 组件结构图

【小知识】

　　Swing 组件与 AWT 组件的区别如下。
　　(1) Swing 标签和按钮可以显示文本和图片，AWT 中同性质的组件只可以显示文本。
　　(2) Swing 可以让用户定义组件的外观，AWT 组件的外观取决于本地操作系统。
　　(3) Swing 具有良好的扩展性，用户可以扩展或定义组件，AWT 的扩展性较差。
　　AWT 组件仍被支持，由于它受到本身条件的限制，在 GUI 用户界面组件中的应
用范围减少。Swing 组件在图形用户界面领域中应用更加广泛，但这并不意味着 AWT
集被 Swing 集完全取代。Swing 集只是基于 AWT 构架之上，提供更加强大的 GUI 组
件而已。

6.1.3 JComponent 组件

JComponent 组件

JComponent 类是 java.awt 包中容器 Container 的子类，因此所有继承自 JComponent 类的轻量级组件也都是容器。需要注意的是，不可以把组件直接添加到 Swing 窗体中，应当把组件添加到 Swing 窗体所包含的一个称为内容面板的容器中。在 Swing 窗体的内容面板中，尽量只使用轻量级组件，否则可能会出现预想不到的问题。Swing 窗体通过调用 public Container getContentPane()方法得到它的内容面板。

6.1.4 JFrame 组件

JFrame 是与 AWT 中的 Frame 相对应的 Swing 组件，继承自 java.awt.Frame 类，功能也相当。JFrame 上面只能有一个唯一的组件，这个组件为 JRootPane，调用 JFrame.getContentPane()方法可获得 JFrame 中内置的 JRootPane 对象。应用程序不能直接在 JFrame 实例对象上增加组件和设置布局管理器，而应该在 JRootPane 对象上增加子组件和设置布局管理器。从 JDK 5.0 之后，重写了 add(Component comp)和 setLayout 方法，直接调用这两个方法也是在操作 JContentPane 对象。当用户单击 JFrame 的关闭按钮时，JFrame 会自动隐藏，但没有关闭，此时可以在 windowClosing 事件中关闭。更常用的方式是调用 JFrame 的方法来关闭。

【实例 6-1】演示 Swing 组件的用法。

JFrame 类的用法有两种：①直接创建其对象并使用；②继承 JFrame 类，创建其子类，然后再创建并使用其子类的对象。大家要注意 Swing 组件和 AWT 组件外观上的差异。示例的核心代码如下所示，完整代码请从课程资源库或教材配套光盘获取。

```
class MyJWindow extends JFrame {//继承使用
    MyJWindow() {
        JButton btn = new JButton("轻组件按钮");
        JTextArea txt = new JTextArea("轻组件", 20, 20);
        …;
    }
}
```

主类定义代码如下，其中 directUse()表示直接使用 JFrame 类，inheritUse()表示继承使用 JFrame 类，两个方法都可以显示窗口，但一次只能使用一个。

```
public class Example4_2 {//直接使用
    static void directUse() {
        JButton btn = new JButton("轻组件按钮");
        JTextArea txt = new JTextArea("轻组件", 20, 20);
        JFrame jfrm = new JFrame("根窗体");
        …
    }
    …
}
```

6.1.5 Swing 的其他常用组件

1. JLabel 组件

标签组件用于显示文本信息或图标，或二者兼而有之。JLabel 组件不会对用户的输入发生反应，即对 JLabel 组件不能编辑。标签组件可以将显示内容垂直或水平显示，通常文本信息的默认显示状态为水平，而图标的默认显示状态为垂直。标签组件一般起到提示作用。

2. JTextField 组件

文本框组件用于创建文本框。文本框是接收单行文本信息的输入区域，通常用于接收用户信息或其他文本信息的输入。当用户输入文本信息后，如果为 JTextField 对象添加事件处理，按回车键会激发一定的动作。

JPasswordField 是 JTextField 的子类，是一种特殊的文本框，也是用来接收单行文本信息的输入区域，但会用回显字符串代替输入的文本信息。因此，JPasswordField 组件也称为密码文本框。JPasswordField 的默认的回显字符是*，用户可以自行设置回显字符。

3. JTextArea 组件

JTextArea 组件是文本区组件，它与 JTextField 一样能接收文本信息的输入和显示。但是与 JTextField 组件不同的是，JTextArea 对象可以多行输入与显示，突破了 JTextField 的单行限制。但是，如果文本信息的行数超过文本区限定的行数，超出的文本信息不能显示。为了解决这个问题，可以借助 JScrollPane 滚动窗格组件。将文本区放置到滚动窗格中，就可以实现超出文本信息的滚动输出。类似的程序代码如：new JScrollPane(JTextArea 文本区对象)。

4. JButton 组件

JButton 用来创建命令按钮。JButton 对象具有这样的功能：当用户按下命令按钮，会激发一定的动作。JButton 创建的按钮可以具有图标和文本信息，通过它们可以有效地提示及帮助用户操作。

5. JCheckBox 组件/JRadioButton 组件

JCheckBox 组件可以用来创建具有文本和图标的复选框。这种复选框具有"选中"或"取消选中"状态，可以通过用户的选择来实现。通常，用多个复选框作为一组来表示多种组合条件，用户可以同时选择多个复选框。

JRadioButton 组件可以用来创建具有文本和图标的单选按钮，和 JCheckBox 组件一样，可以表示"选中"或"取消选中"状态。可以定义一个或多个单选按钮添加到一个 ButtonGroup 组中作为整体处理，只不过在任何情况下，只有一个单选按钮能处于"选中"状态，其他单选按钮处于"非选中"状态。一般定义多个单选按钮来表示多个条件选择一种的情况。

6. JComboBox 组件

JComboBox 组件用来创建组合框对象。一般根据组合框是否可编辑的状态，可以将组合框分成两种常见的外观：可编辑状态外观可视为文本框和下拉列表的组合，不可编辑状态外观可视为按钮和下拉列表的组合。在按钮或文本框的右边有一个带有三角符号的下拉按钮，用户单击该下拉按钮，可以出现一个内容列表，这也是组合框的名称由来。组合框通常用于从列表的"多个项目中选择一个"。

7. JList 组件

JList 组件用于定义列表，允许用户选择一个或多个项目。与 JTextArea 类似，JList 本身不支持滚动功能。

6.1.6 实践操作：油耗计算器程序设计

1. 实施思路

定义一个油耗计算器窗口类，继承自窗体类 JFrame，并实现 ActionListener 接口。窗口中通过 JTextField 类添加 3 个文本条，通过 JButton 类添加"计算"按钮，通过 JLabel 类添加标签显示计算结果，通过实现 ActionListener 接口的 actionPerformed 方法响应用户单击按钮的操作。

01 设计油耗计算器窗口；

02 定义油耗计算器窗口类的构造方法；

03 定义 actionPerformed 单击动作处理方法。

2. 程序代码

```
public GasConsumption() {//窗口界面构建代码
        Container con = getContentPane();
        con.setLayout(new FlowLayout());
        con.add(new JLabel("上次加油金额(元)"));
        usedMoney = new JTextField("200");
        con.add(usedMoney);
        con.add(new JLabel("公里数"));
        runKm = new JTextField("500");
        con.add(runKm);
        con.add(new JLabel("汽油的价格(元)"));
        gasPrice = new JTextField("7.5");
        con.add(gasPrice);
        calculate = new JButton("计算");
        con.add(calculate);
        calculate.addActionListener(this);
        gasConsumption = new JLabel();
        con.add(gasConsumption);
        //设置窗体的标题、大小、可见性及关闭动作
        setTitle("油耗计算器");
        setSize(340, 260);
        setVisible(true);
        setDefaultCloseOperation(JFrame.EXIT_ON_CLOSE);
    }
//单击计算按钮后执行的油耗计算代码
```

```
public void actionPerformed(ActionEvent e) {
float fMoney = Float.parseFloat(usedMoney.getText());
float fKm = Float.parseFloat(runKm.getText());
float fPrice = Float.parseFloat(gasPrice.getText());
float fGas = fMoney/fPrice/fKm*100;
gasConsumption.setText("百公里油耗(升): "+fGas);
}
```

■ 知识拓展

Swing 组件中的其他组件

Swing 组件中除了包括上述组件外，还有一些其他组件，下面进行部分讲解。

(1) JDialog

JDialog 类是 java.awt 包中 Dialog 类的子类，常见构造方法如下。

◎ JDialog(): 创建一个没有标题并且没有指定所有者窗体的无模式对话框。

◎ JDialog(Frame owner, String title): 创建一个具有指定标题和指定所有者窗体的无模式对话框。

◎ JDialog(Frame owner, boolean modal): 创建一个没有标题但有指定所有者窗体的有模式或无模式对话框。

◎ JDialog(Dialog owner, String title): 创建一个具有指定标题和指定所有者对话框的无模式对话框。

◎ JDialog(Dialog owner, boolean modal): 创建一个没有标题但有指定所有者对话框的有模式或无模式对话框。

使用时和 JFrame 类似，不可以把组件直接添加到 JDialog 中，JDialog 也含有一个内容面板，应当把组件添加到内容面板中。

(2) JPanel

JPanel 组件定义的面板实际上是一种容器组件，用来容纳各种其他轻量级的组件。此外，用户还可以用这种面板容器绘制图形。

【实例 6-2】演示 JPanel 作为画布的用法。

```
class MyCanvas extends JPanel{
    public void paintComponent(Graphics g){
        super.paintComponent(g);
        g.setColor(Color.red);
        g.drawString("a JPanel used as canvas",50,50);
    }
}
```

(3) JScrollPane

JScrollPane 可以把一个组件放到一个滚动窗口中，然后通过滚动条来观察这些组件。

【实例 6-3】演示 JScrollPane 的使用方法。

本程序显示一窗口，窗口中包含一个文本区域，如果输入的文字超出行、列显示范围，则自动显示水平和垂直的滚动条。

```
JButton btn = new JButton("ok");
JTextArea txt = new JTextArea(10,20);
JScrollPane scroll = new JScrollPane(txt);
Container con = getContentPane();
```

```
con.add(btn,BorderLayout.SOUTH);
con.add(scroll,BorderLayout.CENTER);
```

(4) JSplitPane

JSplitPane 用于创建拆分窗口。拆分窗口就是被分成两部分的窗口,有水平拆分和垂直拆分两种。构造方法如下:

◎　JSplitPane(int newOrientation,boolean newContinuousLayout,Component newLeftComponent,Component newRightComponent);

◎　JSplitPane(int newOrientation, Component newLeftComponent, Component newRightComponent);

其中 newOrientation 取值有 JSplitPane.HORIZONTAL_SPLIT 和 JSplitPane.VERTICAL_SPLIT 和 newContinuousLayout 表示拆分线移动时组件是否连续变化;newLeftComponent 和 newRightComponent 表示窗口中的两个组件。

【实例 6-4】演示如何用 JSplitPane 拆分窗口,如图 6-1-4 所示。

```
JSplitPane split_one = new JSplitPane(JSplitPane.VERTICAL_SPLIT,true,btn1, btn2);
JSplitPane split_two = new JSplitPane(JSplitPane.HORIZONTAL_SPLIT,split_one,txt);
Container con = getContentPane();
con.add(split_two,BorderLayout.CENTER);
```

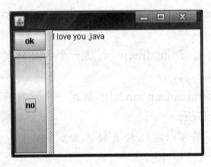

图 6-1-4　拆分窗口

(5) JInternalFrame

JInternalFrame 用于在一个主窗口内显示一个或多个子窗口,每个子窗口都可以拖动、关闭、变成图标、调整大小、显示标题和支持菜单栏。使用时,需要先将子窗口对象添加到 JDesktopPane 中,再将 JDesktopPane 对象添加到主窗口的内容面板中。子窗口默认不可见,需要设置可见性和大小。构造方法如下:

public JInternalFrame(String title, boolean resizable, boolean closable, boolean maximizable, boolean iconifiable)

【实例 6-5】演示内部窗体 JInternalFrame 的使用方法,如图 6-1-5 所示。

```
Container con = getContentPane();
con.setLayout(new GridLayout(1,2));
btn1 = new JButton("boy");
btn2 = new JButton("girl");
JInternalFrame frm1 = new JInternalFrame("内部窗体 1",true,true,true,true);
frm1.getContentPane().add(btn1);
frm1.setSize(100,100);
frm1.setVisible(true);
JDesktopPane desk1 = new JDesktopPane();
desk1.add(frm1);
JInternalFrame frm2 = new JInternalFrame("内部窗体 2",true,true,true,true);
```

```
frm2.getContentPane().add(btn2);
frm2.getContentPane().add(new JLabel("ookk"),BorderLayout.NORTH);
frm2.setSize(300,150);
frm2.setVisible(true);
JDesktopPane desk2 = new JDesktopPane();
desk2.add(frm2);
con.add(desk1);
con.add(desk2);
```

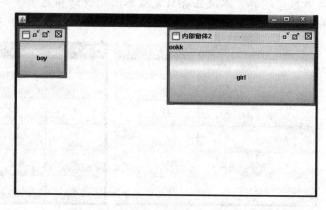

图 6-1-5　内部窗口示例

除了上面介绍的一些组件外，还有一些常用组件，如计时器 Timer、进度条 JProgressBar、树形组件 JTree、表格 JTable、文本窗格 JTextPane、文件选择器 JFileChooser 等，有些组件会在后面的任务中用到，有些限于篇幅就不做详细介绍了。读者如果感兴趣，可以查看 JDK 帮助文档了解其使用方法。

巩固训练：设计一个 Email 邮箱地址注册的图形用户界面

1. 实训目的

◎　掌握使用 JFrame 构造窗口；

◎　掌握使用 JPanel 构造容器对象；

◎　掌握使用基本组件构造 GUI 界面。

2. 实训内容

利用 Java Swing 技术设计一个 Email 邮箱地址注册的图形用户界面应用程序，程序运行效果如图 6-1-6 所示。

图 6-1-6　Email 注册界面

任务 6.2　设计一个计算器的界面

任务描述 ☞

编写一个类似于 Windows 自带计算器的程序，可以实现加减乘除等基本数学运算。本次任务只完成界面的设计和显示任务，用户操作响应和计算功能在下次任务中完成。运行结果如图 6-2-1 所示。

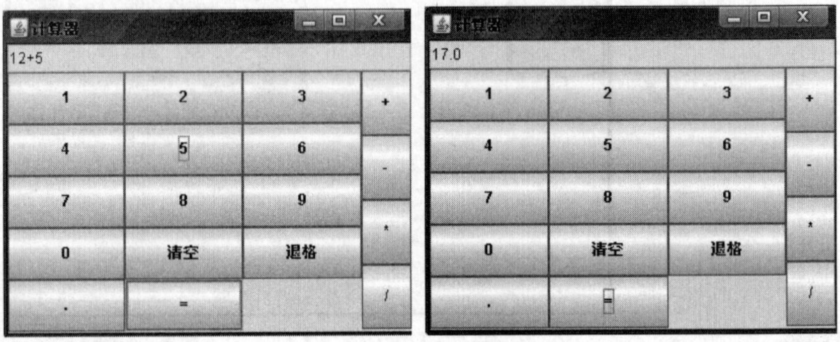

图 6-2-1　运行结果

6.2.1　Java 布局管理

在实际编程中，我们每设计一个窗体，都要往其中添加若干组件。为了管理好这些组件的布局，即大小、位置和排列方式，就需要使用布局管理器。

Java 布局管理

将加入到容器中的组件按照一定的顺序和规则放置，使之看起来更美观，这就是布局。在 Java 中，布局由布局管理器 (LayoutManager) 来管理。Java 提供了一组用来进行布局管理的类，称为布局管理器或布局。所有布局都实现了 LayoutManager 接口。容器内组件的大小和位置由布局管理器控制，当容器大小发生改变时，可以自动调整，以尽量美观的方式适应容器的变化。

6.2.2　常见的布局管理器

常见的布局管理器包括 FlowLayout、CardLayout、GridLayout、BorderLayout、BoxLayout、GridBagLayout 等。如果不使用布局管理器，叫作空布局或 Null 布局。容器内组件的大小和位置用绝对值指定，当容器大小发生改变时，组件不会改变。

1. 网格布局

网格布局是一种常用的布局方式，将容器的区域划分成矩形网格，每个矩形大小规格一致，组件可以放置在其中的一个矩形中。通过 java.awt.GridLayout 类创建网格布局管理器对象，可实现对容器中的各组件的网格布局排列。具体的排列方向取决于容器的组件方向属性，组件方向属性有两种：从左向右和从右向左。用户可以根据实际要求设定方向属性，默认的方向是从右向左。

(1) 创建网格布局

GridLayout 的构造方法如下：

◎ GridLayout()：创建默认的网格布局，每一个组件占据一行一列。

◎ GridLayout(int rows, int columns)：创建指定行数和列数的网格布局。

◎ GridLayout(int rows, int columns, int hgap, int vgap)：创建指定行数和列数的网格布局，并且指定水平间隔和垂直间隔的大小。

(2) GridLayout 的常见方法

GridLayout 的常见方法见表 6-2-1。

表 6-2-1　GridLayout 的常见方法

方　　法	功　　能
int getRows()	获取行数
void setRows(int)	设置行数
int getColumns()	获取列数
void setColumns(int)	设置列数
int getHgap()	获取组件水平间隔
void setHgap(int)	设置组件水平间隔
int getVgap()	获取组件垂直间隔
void setVgap()	设置组件垂直间隔

例如，下面一段代码可实现如图 6-2-2 所示的运行效果：

```
String str[]={"1","2","3","4","5","6","7","8","9"};
            setLayout(new GridLayout(3,3));
  Button btn[]=new Button[str.length];//创建按钮数组
  for(int i=0;i<str.length;i++){
     btn[i]=new Button (str[i]);  add(btn[i]);
}
```

图 6-2-2　网格布局

2. 边界布局

边界布局 BorderLayout 是窗口、框架和对话框等的默认布局。组件可被置于容器的北(上)、南(下)、东(右)、西(左)或中间位置。它可以对容器组件进行安排，并调整其大小，使其符合上述 5 个区域。每个区域最多只能包含一个组件，并通过相应的常量进行标识：NORTH、SOUTH、EAST、WEST 和 CENTER。当使用边界布局将一个组件添加到容器中时，要使用这 5 个常量之一。NORTH 和 SOUTH 组件可以在水平方向上进行拉伸；而 EAST 和 WEST 组件可以在垂直方向上进行拉伸；CENTER 组件在水平和垂直方向上都可以进行拉伸，从而填充所有剩余空间。

(1) 创建边界布局

下面是 BorderLayout 所定义的构造函数。

◎ BorderLayout( )：生成默认的边界布局。

◎ BorderLayout(int horz,int vert)：可以设定组件间的水平和垂直距离。

BorderLayout 类定义了几个常量值以指定相应区域。

◎ BorderLayout.NORTH：对应容器的顶部。

◎ BorderLayout.EAST：对应容器的右部。

◎　BorderLayout.SOUTH：对应容器的底部。

◎　BorderLayout.WEST：对应容器的左部。

◎　BorderLayout.CENTER：对应容器的中部。

加入组件方法是 void add(Component Obj, int region)。下面代码段可实现如图 6-2-3 所示的运行效果。

```
setLayout(new BorderLayout());
    Button btnEast=new Button("东");
    Button btnWest=new Button("西");
    Button btnNorth=new Button("北");
    Button btnSouth=new Button("南");
    Button btnCenter=new Button("中");
    add(btnEast,BorderLayout.EAST);
    add(btnWest,BorderLayout.WEST);
    add(btnNorth,BorderLayout.NORTH);
    add(btnSouth,BorderLayout.SOUTH);
    add(btnCenter,BorderLayout.CENTER);
```

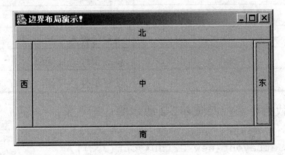

图 6-2-3　边界布局

当窗口缩放时，组件的位置不发生变化，但组件的大小会相应改变。边界布局管理器给予南、北组件最佳高度，使它们与容器一样宽；给予东、西组件最佳宽度，而高度受到限制。如果窗口水平缩放，南、北、中区域变化；如果窗口垂直缩放，东、西、中区域变化。BorderLayout 是窗口(JWindow)、框架(JFrame)、对话框(JDialog)等类型对象的默认布局。

(2) BorderLayout 的常用方法

BorderLayout 的常用方法见表 6-2-2。

表 6-2-2　BorderLayout 的常用方法

方　　法	功　　能
void addLayoutComponent(Component,Object)	按指定约束添加组件到布局
int getHgap()	获取组件水平间隔
void setHgap(int)	设置组件水平间隔
int getVgap()	获取组件垂直间隔
void setVgap()	设置组件垂直间隔

3. 流布局

类 FlowLayout 是流布局管理器。这种管理器的特点是，组件在容器内依照指定方向按照组件添加的顺序依次加入到容器中。这个指定方向取决于 FlowLayout 管理器的组件方向属性。该属性有两种可能：从左到右方向和从右向左方向。在默认情况下，这个指定方向是从左到右的。

(1) 创建流布局

下面是流布局 BorderLayout 所定义的构造函数。

◎ FlowLayout()：创建一个流布局管理器，居中对齐，默认的水平和垂直间隙是 5 个单位。

◎ FlowLayout(int align)：创建一个指定对齐方式的流布局管理器，默认的水平和垂直间隙是 5 个单位。具体的对齐方式有居中对齐、左向对齐、右向对齐、容器开始的方向对齐(LEADING)以及容器结束的方向对齐(TRAILING)。

◎ FlowLayout(int align, int hgap, int vgap)：创建一个流布局管理器，具有指定的对齐方式以及指定的水平和垂直间隙。

(2) FlowLayout 的常用方法

FlowLayout 的常用方法见表 6-2-3。

表 6-2-3　FlowLayout 的常用方法

方　　法	功　　能
int getAlignment()	获取对齐方式
void setAlignment(int)	设置对齐方式
void setHgap(int)	设置组件水平间隔
void setVgap()	设置组件垂直间隔

4. 卡片布局

卡片布局管理器 CardLayout 能将容器中的组件作为不同的卡片层叠排列，每次只能显示一张卡片，每张卡片只能容纳一个组件。初次显示时，显示的是第一张卡片。卡片布局管理器是通过 AWT 包的类 CardLayout 来创建的。

(1) 创建卡片布局。

CardLayout 的构造方法如下。

◎ CardLayout()：创建一个间隔为 0 的卡片布局。

◎ CardLayout(int hgap, int vgap)：创建一个指定水平间隔和垂直间隔的卡片布局。

(2) CardLayout 的常用方法。

CardLayout 的常用方法见表 6-2-4。

表 6-2-4　CardLayout 的常用方法

方　　法	功　　能
void first(Container)	翻转第一张卡片
void next(Container)	翻转下一张卡片
void previous(Container)	翻转上一张卡片
void last(Container)	翻转最后一张卡片
void show(Container, String)	翻转指定名称的卡片

6.2.3　实践操作：计算器界面设计

1. 实施思路

计算器界面整体布局采用 BorderLayout。在上部安放一个 JTextField 对象，作为结果显示区。中部和右部各安放一个 JPanel 对象，作为嵌套用的容器。中部 keyPanel 对象采用 GridLayout，设置为 5 行 3 列，每个单元格可以显示一个按钮，用于显示数字键盘、小数点等按钮。右部 operatorPanel 对象采用 GridLayout，设置为 4 行 1 列，显示加、减、乘、除 4 个按钮。

01 建立 Calculator 类指定超类 JFrame；

02 设置窗口布局为 BorderLayout；

03 在上部添加 JTextField 对象 result；

04 在中部添加 keyPanel 及其上面的按钮；

05 在右部添加 operatorPanel 及其上面的按钮；

06 编写 main 方法测试。

2. 程序代码

```java
import java.awt.*;
import javax.swing.*;
public class Calculator extends JFrame{
    JTextField result;          //显示输入的数字和计算结果
    int calculate_type=0;       //0，无运算；1、2、3、4、分别代表加减乘除
    Calculator(){
    //构造方法，创建界面控件对象并利用布局管理控制其位置和大小
    }
    public static void main(String[] args){
            new Calculator();
    }
    Calculator(){
            JPanel jp;
JButton jb;
JPanel jp = new JPanel();
jp.setLayout(new BorderLayout());
//创建文本条，不允许编辑，添加到窗口上方
result = new JTextField();
result.setEditable(false);
jp.add(result,BorderLayout.NORTH);
JPanel keyPanel = new JPanel();
keyPanel.setLayout(new GridLayout(5,3));
for(int i=1;i<=9;i++){
    jb = new JButton(""+i);
    keyPanel.add(jb);
}
jb = new JButton("0");
keyPanel.add(jb);
jb = new JButton("清空");
keyPanel.add(jb);
jb = new JButton("退格");
keyPanel.add(jb);
jb = new JButton(".");
```

```
keyPanel.add(jb);
jb = new JButton("=");
keyPanel.add(jb);
jp.add(keyPanel,BorderLayout.CENTER);
JPanel operatorPanel = new JPanel();
operatorPanel.setLayout(new GridLayout(4,1));
jb = new JButton("+");
operatorPanel.add(jb);
jb = new JButton("-");
operatorPanel.add(jb);
jb = new JButton("*");
operatorPanel.add(jb);
jb = new JButton("/");
operatorPanel.add(jb);
jp.add(operatorPanel,BorderLayout.EAST);
//添加 JPanel 容器到窗体中
setContentPane(jp);
//设置窗体的标题、大小、可见性及关闭动作
setTitle("计算器");
setSize(340,260);
setVisible(true);
//设置窗口关闭时，程序退出
setDefaultCloseOperation(JFrame.EXIT_ON_CLOSE);
}
public static void main(String[]args){
    new Calculator();
}
```

▌知识拓展

GridBagLayout 与自定义布局

(1) GridBagLayout

GridBagLayout 中组件大小不必相同，组件按行和列排列，放置顺序不一定从左至右和由上至下，显示效果如图 6-2-4 所示。通过使用以下语法，容器可获得 GridBagLayout 布局对象：

```
GridBagLayout gb=new GridBagLayout();
ContainerName.setLayout(gb);
```

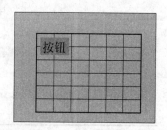

图 6-2-4　GridBagLayout 布局

要使用此布局，必须提供各组件的大小和布局等信息。GridBagConstraints 类中包含的 GridBagLayout 类用来定位及调整组件大小所需的全部信息。

(2) 自定义布局

自定义布局也被称为"空布局"或"Null 布局"。调用方法 setLayout(null)就为容器设置了空布局。在空布局中，可以通过调用组件的 setBounds(int x, int y, int width, int height)方法指定组件的位置和大小。容器大小改变时，空布局中的组件位置和大小均不发生改变。

上面介绍了几种常见的布局管理器，每个布局管理器都有自己特定的用途。要按行和列显示几个同样大小的组件，GridLayout 会比较合适；要在尽可能大的空间里显示一个组

件，就要选择 BorderLayout 或 GridBagLayout。每个容器(Container 对象)都有一个与它相关的默认的布局管理器。JFrame 的默认布局是 BorderLayout，在没有设置新的布局前，在容器中添加组件都按照该容器的默认布局排列。可以通过 setLayout()方法为容器设置新的布局。布局器不只是上面所讲的几种类型，常见的还有 JRootPane.RootLayout，OverlayLayout，SpringLayout，ScrollPaneLayout 等，更多的布局器可以通过 JDK 文档查看 LayoutManager 和 LayoutManager2 两个接口，也可以通过实现上面两个接口来定义自己的布局方式

巩固训练：设计一个 Email 注册页面

1. 实训目的

◎　了解 Java 布局管理的各种方法；
◎　掌握 FlowLayout 布局管理的使用；
◎　掌握 BorderLayout 布局管理的使用；
◎　掌握 GridLayout 布局管理的使用；
◎　掌握自定义布局管理的使用。

2. 实训内容

利用 Java Swing 技术设计一个 Email 注册页面，要求不管是否调整窗口大小，最终的运行界面效果一致。运行结果如图 6-2-5 所示。

图 6-2-5　Email 注册

─────────────── 单元小结 ───────────────

在界面设计中，一个容器要放置许多组件。为了美观，为组件安排在容器中的位置，这就是布局设计。java.awt 中定义了多种布局类，每种布局类对应一种布局的策略。常用的布局类有以下几种。

◎　FlowLayout：依次放置组件。
◎　BoarderLayout：将组件放置在边界上。
◎　CardLayout：将组件像扑克牌一样叠放，每次只能显示其中一个组件。
◎　GridLayout：将显示区域按行、列划分成一个个相等的格子，组件依次放入这些格子中。
◎　GridBagLayout：将显示区域划分成许多矩形小单元，每个组件可占用一个或多个

小单元。

每个容器都有一个布局管理器，由它来决定如何安排放入容器内的组件。布局管理器是实现 LayoutManager 接口的类。

单元习题

一、选择题

1. 下列叙述中，正确的是(　　)。

A. 类 JTextComponent 继承了类 JTextArea

B. 类 JTextArea 继承了类 JTextField

C. 类 JTextField 继承了类 JTextComponent

D. 类 JTextComponent 继承了类 JTextField

2. 下列布局管理器中，(　　)是 JFrame 的默认布局管理器。

A. FlowLayout　　　　B. BorderLayout　　　　C. CardLayout　　　　D. GirdLayout

3. 下列方法中，可以改变容器布局的是(　　)。

A. setLayout(layoutManager)　　　　　　B. addLayout(layoutManager)

C. setLayout Manager(layout Manager)　　　D. add Layout Manager(layout Manager)

4. 容器被重新设置大小后，(　　)布局管理器容器中的组件大小不随容器大小的变化而改变。

A. CardLayout　　　　B. FlowLayout　　　　C. BorderLayout　　　　D. GridLayout

5. 如果希望所有的控件在界面上均匀排列，应使用(　　)布局管理器。

A. BoxLayout　　　　B. GridLayout　　　　C. BorderLayout　　　　D. FlowLayout

6. 下列(　　)不属于容器组件。

A. Frame　　　　B. Button　　　　C. Panel　　　　D. JApplet

二、填空题

1. Java 把由_____类的子类或间接子类创建的对象称为一个组件，把由_____的子类或间接子类创建的对象称为一个容器。

2. 在空布局中，可以使用_____方法指定组件的位置和大小。

三、简答题

1. Java 图形用户界面程序设计的基本方法和步骤是什么？

2. 什么是布局管理器？布局管理器有什么作用？常用布局管理器有哪些？

四、编程题

1. 设计一个窗口，包含上下两个文本区域。上面文本区域不可编辑，在下面文本区域输入文字的同时，上面文本区域同步显示下面文本区域输入的内容。

2. 设计一个窗口，窗口中包含一个文本区域，且包含菜单栏，菜单栏中包括粗体、斜体和字体颜色菜单项，通过上述菜单项可设置文本区域的字体样式和颜色。

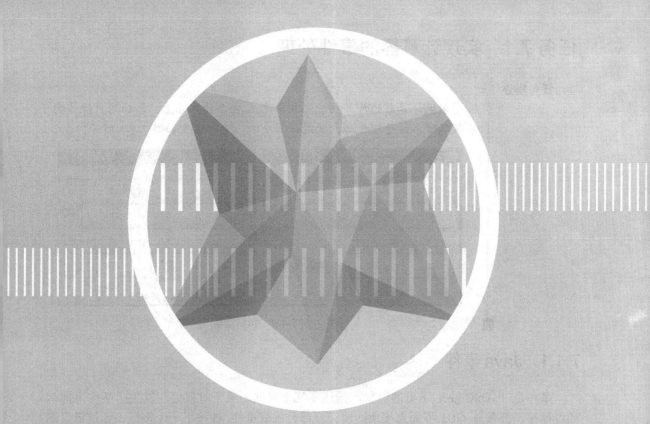

单元 7

事件处理及界面设计

学习目标 👉

1. 理解 Java 委托事件处理机制
2. 了解常用的事件类、处理事件的接口及接口中的方法
3. 掌握编写事件处理程序的基本方法
4. 熟练掌握对按钮的 ActionEvent 动作事件的处理
5. 熟练使用 JCombox、JList 控件
6. 熟练使用 JCheckBox、JRadioButton 控件
7. 掌握选择事件处理的应用
8. 掌握使用 JMenuBar、JMenu 和 JMenuItem 构造应用程序菜单
9. 掌握使用 JPopupMenu 构造应用程序弹出式菜单
10. 能够处理鼠标事件

任务 7.1　实现计算器的事件处理

任务描述 ☞

实现计算器的计算功能。在单元 6 任务的基础上，添加用户操作响应代码即事件处理代码，完成计算功能。运行结果如图 7-1-1 所示。

图 7-1-1　运行结果

7.1.1　Java 事件

事件是 EventObject 子类的对象，描述在某个时间、某个对象上，发生了某件事情。通过鼠标、键盘与 GUI 界面直接或间接交互都会生成事件，如按下一个按钮、通过键盘输入一个字符、选择列表框中的一项、单击一下鼠标等。事件不局限于界面操作，比如网络连接或断开等都可看作是事件。事件源是生成事件的对象，用事件对象来描述自身状态的改变，即在某时刻其上发生了什么事情。可以通过回调规定接口对象，将事件发送给其他对象，以使其他对象对事件做出反应成为可能。监听器是对某类事件感兴趣，并希望做出响应的对象，必须实现规定接口，此类接口称为监听器接口。

事件处理的关键步骤如下。

01 实现监听器接口，定义监听器类，在接口规定方法内实现事件处理逻辑；

02 创建监听器对象，将监听器添加到事件源；

03 触发事件，事件源回调监听器中相关方法。

例如，当用户用鼠标点击一个按钮 jb(JButton 的对象)时，就会产生一个 ActionEvent 事件，此时按钮 jb 就是事件源。如果要在计算器窗口类中响应按钮点击事件，计算器窗口就是监听器。为了能够作为 ActionEvent 事件的监听器，Calculator 类要实现接口 ActionListener，添加 public void actionPerformed(ActionEvent e)方法，并在该方法中编写按钮单击后要执行的代码。接口 ActionListener 定义如下：

```
Interface ActionListener{
    void actionPerformed(ActionEvent e);
}
```

然后将监听器添加到事件源 jb.addActionListener(this)，这里 this 代表的是 Calculator 类的当前对象，就是计算器窗口对象。

ActionEvent 的主要方法如下。

◎　String getActionCommand()：获取事件的命令字符串，对按钮而言，该方法返回按钮上显示的文字。通过 getActionCommand 返回结果可以知道用户单击了哪一个按钮。

◎　public Object getSource()：该方法获取事件源对象引用。如果界面中有多个按钮，通过将 getSource 结果和每一个按钮对象引用比较，可以知道用户点击了哪一个按钮触发本次事件。

7.1.2　Java 事件处理机制

要理解事件处理机制，必须学会站在组件开发者和组件使用者这两个不同的角度来思考问题。事件处理机制的任务是当组件发生某个事件时，要设法通知组件使用者，并允许组件使用者做出个性化的处理。定义组件的目的就是在组件设计完成后可以到处重复使用此组件。因此，组件设计在前，组件使用在后。在定义组件类时，我们并不知道将来谁要使用此组件，从而也就无法确定谁要接收并处理此组件产生的事件。现在的任务就是要找一种办法，将事件消息正确地传递给将来的不确定的组件使用者，如图 7-1-2 所示。

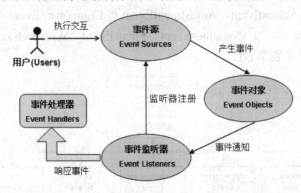

图 7-1-2　事件处理示意图

事件处理机制需要考虑的问题，有以下 3 个方面。

(1) 要接收消息的对象：消息的接收者在使用组件时，先向该组件进行注册。为此，组件应实现注册方法，比如 JTextField 类的 addActionListener()方法。

(2) 消息传递方法：向消息接收对象传递消息最根本的方法就是调用消息接收对象的一个方法，并通过方法参数将事件相关数据传递给消息接收对象。不管消息接收对象是何种类型，组件调用的方法必须是一致的，因为组件无法针对每一个消息接收对象进行特殊的方法调用。对组件来说，所有消息接收对象最好看起来都是一样的，都是同一种类型，都支持相同的方法。那么现在的问题就变成：如何保证所有消息接收对象都是同一种类型而又能进行各自不同的事件处理呢？如何约束消息接收者的行为？要保证所有消息接收对象都是同一种类型，一种方法就是定义一个类，要求所有消息接收对象都由此类的子类创建，这不是一个好办法，因为它限制了消息接收对象的继承层次。更好的解决方案是使用接口，即将事件处理方法，也就是组件向消息接收对象传递消息要调用的方法，定义在一个接口里，然后强制注册对象必须实现此接口。事先规定对象方法的形式，而不关心其具体实现，这正是接口的优势所在。这种方法不管注册对象是从哪个类派生的，从而保证了消息接收对象类层次定义的自由。

(3) 传递数据的方法：一种方法是直接通过传递方法的参数；另一种方法，也是现在

Java 采用的面向对象的方法——定义一个类来描述事件,当具体事件产生时,则创建一个此事件类的对象,将该对象作为参数进行传递。

以上事件处理机制实际上采用了一种应用非常普遍的接口回调思想。其基本过程是:规定回调接口;实现回调接口;回调接口对象注册;接口回调。定义回调接口的对象,往往是要提供某种服务,但接受服务的对象又不能事先确定。而要实现这种服务,服务对象又必须调用客户对象的方法。一旦遇到这种情况,就可使用接口回调。接口回调的应用不局限于事件处理,比如网络通信中就经常使用。现实生活中这样的例子也有很多,比如企业要先注册,然后实现一些标准接口如账目,这样工商税务就可对其进行税收管理等。

7.1.3　Java 事件体系结构

Java 事件体系结构如图 7-1-3 所示,所有事件共同的父类是 EventObject。Java 把事件类大致分为两种:语义事件(semantic events)与底层事件(low-level events)。语义事件直接继承自 AWTEvent,如 ActionEvent、AdjustmentEvent 与 ComponentEvent 等。底层事件则是继承自 ComponentEvent 类,如 ContainerEvent、FocusEvent、WindowEvent 与 KeyEvent 等。Java 事件类的说明详见表 7-1-1。

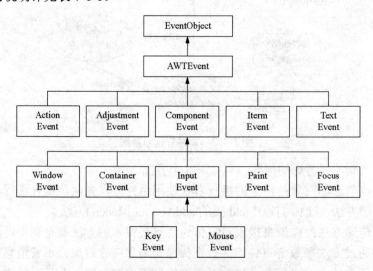

图 7-1-3　Java 事件类体系结构

表 7-1-1　Java 事件类的相关说明

事件类	说　明	事件源
ActionEvent	通常按下按钮、双击列表项或选中一个菜单项时,就会生成此事件	Button 、 List 、 MenuItem 、 TextField
AdjustmentEvent	操纵滚动条时会生成此事件	Scrollbar
ComponentEvent	当一个组件移动、隐藏、调整大小或成为可见时会生成此事件	Component
ItemEvent	单击复选框或列表项时,或者当一个选择框或一个可选菜单项被选择或取消时生成此事件	Checkbox、CheckboxMenuItem、Choice、List
FocusEvent	组件获得或失去键盘焦点时会生成此事件	Component

续表

事件类	说　明	事件源
KeyEvent	接收到键盘输入时会生成此事件	Component
MouseEvent	拖动、移动、单击、按下、释放鼠标或在鼠标进入、退出一个组件时，会生成此事件	Component
ContainerEvent	将组件添加至容器或从中删除时会生成此事件	Container
TextEvent	文本区或文本域的文本改变时会生成此事件	TextField、TextArea
WindowEvent	当一个窗口激活、关闭、失效、恢复、最小化、打开或退出时会生成此事件	Window

7.1.4　Java 事件监听器和监听方法

java.awt.event 包中还定义了 11 个监听器，如表 7-1-2 所示，每个接口内部包含了若干处理相关事件的抽象方法。一般来说，每个事件类都有一个监听器与之相对应，而事件类中的每个具体事件类型都有一个具体的抽象方法与之相对应，当具体事件发生时，这个事件将被封装成一个事件类的对象作为实际参数传递给与之对应的具体方法，由这个具体方法负责响应并处理发生的事件。例如 ActionListener，这个接口定义了抽象方法 public void actionPerformed(ActionEvent e)。凡是要处理，ActionEvent 事件的类都必须实现 ActionListener 接口，并重写相应的 actionPerformed()方法。

表 7-1-2　Java 事件监听器和监听方法

事件监听器	方　法
ActionListener	actionPerformed
AdjustmentListener	adjustmentValueChanged
ComponentListener	componentResized、componentMoved、componentShown、componentHidden
ContainerListener	componentAdded、componentRemoved
FocusListener	focusLost、focusGained
ItemListener	itemStateChanged
KeyListener	keyPressed、keyReleased、keyTyped
MouseListener	mouseClicked、mouseEntered、mouseExited、mousePressed、mouseReleased
MouseMotionListener	mouseDragged、mouseMoved
TextListener	textChanged
WindowListener	windowActivated、windowDeactivated、windowClosed、windowClosing、windowIconified、windowDeiconified、windowOpened

1. 焦点事件 FocusEvent

任何 GUI 对象的获得或失去焦点都被视为焦点事件，并且事件源必须向事件监听器通知事件对象已失去或已获得焦点。焦点监听器需要实现两个方法：focusGained 和 focusLost。

对组件输入数据进行错误检查或范围校验时，对焦点的捕捉就显得尤其重要。其特有方法如下。

◎ Component getOppositeComponent()：返回焦点变化事件中的另一组件。

◎ boolean isTemporary()：说明此事件是临时还是永久的。

◎ String paramString()：获取说明此事件的一字符串。

2. 窗口事件 WindowEvent

当一个窗口被激活、禁止、关闭、正在关闭、最小化、恢复、打开时将生成窗口事件。窗口事件 WindowEvent 有 7 种类型，在 WindowEvent 类中定义了用来表示它们的整数常量：WINDOW_ACTIVATED，窗口被激活；WINDOW_CLOSED，窗口已经被关闭；WINDOW_CLOSING，用户要求窗口被关闭；WINDOVV_DEACTIVATED，窗口被禁止；WINDOW_DEICONIFIED，窗口被恢复；WINDOW_ICONIFIED，窗口被最小化；WINDOW_OPENED，窗口被打开。使用接口 WindowListener 对相应的事件进行监听处理，需要实现的方法如下：windowActivated、windowDeactivated、windowClosing、windowClosed、windowDeiconified、windowIconified、windowOpened。WindowListener 接口对 WindowEvent 作监听处理，在这个接口中定义了 7 个方法：当一个窗口被激活或禁止时，windowActivated()方法和 windowDeactivated()方法将相应地被调用；如果一个窗口被最小化，windowIconified()方法将被调用；当一个窗口被恢复时，windowDeIconified()方法将被调用；当一个窗口被打开或关闭时，windowOpened()方法或 windowClosed()方法将相应地被调用；当一个窗口正在被关闭时，windowClosing()方法将被调用。WindowEvent 的特有方法如下。

◎ int getNewState()：WINDOW_STATE_CHANGED 事件的新状态。

◎ int getOldState()：WINDOW_STATE_CHANGED 事件的原状态。

◎ Window getOppositeWindow()：焦点或激活事件的另一影响窗口。

◎ Window getWindow()：事件创建窗口。

3. 文字事件 TextEvent

文字事件使用类 TextEvent 来表示，使用接口 TextListener 对相应的事件进行监听处理。当组件对象中的文字内容改变时，便会触发 TextEvent 事件。TextEvent 事件会发生在 JTextField 和 JTextArea 两种对象上。TextListener 接口对 TextEvent 作监听处理，当单行文本框 JTextField 或多行文本框 JTextArea 中的文本发生变化时，textValueChanged()方法将被调用。

4. 键盘事件 KeyEvent

在按下或释放键盘上的一个键时，将生成键盘事件。处理键盘事件的程序要实现在 java.awt.event 包中定义的接口 KeyListener，在这个接口中定义了未实现的键盘事件处理方法。如果程序需要处理特殊的键，如方向键，需要调用 keyPressed( )方法。

键盘事件处理方法如下。

◎ public void KeyPressed(KeyEvent e)：处理按下键。

◎ public void KeyReleased(KeyEvent e)：处理松开键。

◎ public void KeyTyped(KeyEvent e)：处理敲击键盘。

KeyEvent 事件类的主要方法如下。

◎ public char getKeyChar()：用来返回一个被输入的字符。

◎ public String getKeyText()：用来返回被按键的键码。

◎ public String getKeyModifiersText()：用来返回修饰键的字符串。

KeyListener 接口对 KeyFvent 作监听处理，在这个接口中定义了 3 个方法：当一个键被按下和释放时，keyPressed()方法和 keyReleased()方法将被调用；当一个字符被输入时，keyTyped()方法将被调用。

public int getKeyCode()返回与此事件中的键相关联的整数 keyCode。KeyEvent 类包含用来表示按下或单击的键的常量键码。keyCode 是每个按键的编码，在 JDK 帮助中可以查到每个按键对应的键码常量，如 A 对应于 VK_A。

5. 鼠标事件 MouseEvent

任何时候移动、单击、按下或释放鼠标，都会生成鼠标事件 MouseEvent。鼠标事件对应两个接口：MouseListener 和 MouseMotionListener。MouseListener 共有 5 个方法，主要用来实现鼠标的单击事件(组件上的鼠标按下、释放、单击、进入和离开事件)。

接口 MouseListener 中的方法如下。

◎ public void mousePressed(MouseEvent e)：处理按下鼠标左键。

◎ public void mouseClicked(MouseEvent e)：处理鼠标单击。

◎ public void mouseReleased(MouseEvent e)：处理鼠标按键释放。

◎ public void mouseEntered(MouseEvent e)：处理鼠标进入当前窗口。

◎ public void mouseExited(MouseEvent e)：处理鼠标离开当前窗口。

MouseMotionListener 有两个方法。

◎ public void mouseDragged(MouseEvent e)：处理鼠标拖动。

◎ public void mouseMoved(MouseEvent e)：处理鼠标移动。

上述接口对应的注册监听器的方法是 addMouseListener()和 addMouseMotionListener()。MouseEvent 事件类中，有 4 个最常用的方法。

◎ int getX()：返回事件发生时，鼠标所在坐标点的 X 坐标。

◎ int getY()：返回事件发生时，鼠标所在坐标点的 Y 坐标。

◎ int getClickCount()：返回事件发生时，鼠标的单击次数。

◎ int getButton()：返回事件发生时，哪个鼠标按键更改了状态。

当鼠标在同一点被按下并释放(单击)时，mouseClicked()方法将被调用；当鼠标进入一个组件时，mouseEntered()方法将被调用；当鼠标离开组件时，mouseExited()方法将被调用；当鼠标被按下和释放时，相应的 mousePressed()方法和 mouseReleased()方法将被调用；当鼠标被拖动时，mouseDragged()方法将被连续调用；当鼠标被移动时，mouseMoved()方法将被连续调用。

MouseEvent 的特有方法中，int getButton()用于获取鼠标按键信息，int getX()、int getY()用于获取鼠标坐标位置。按键常量定义 BUTTON1、BUTTON2、BUTTON3 分别代表鼠标的 3 个按键(有的鼠标只有两个按键)。例如：

```
public void mouseClicked(MouseEvent m){
    int x = m.getX();
    int y = m.getY();//获得单击鼠标时鼠标指针的 x 及 y 坐标
```

```
        int clickCount = m.getClickCount(); //确定单击和双击
    if(clickCount == 2){
        Graphics g = getGraphics();
        g.drawString("鼠标双击! ", x, y);
        g.dispose();
    }
}
```

7.1.5   实践操作：计算器事件处理

1. 实施思路

修改 Calculator 类定义，使其实现 ActionListener 接口，在 actionPerformed 方法中添加事件处理代码，并且为每个按钮添加 this(代表当前窗口对象)作为监听器。

在任务 6.2 中 Calculator 类的代码上，做如下修改：

01 导入事件处理相关包 java.awt.event.*。

02 修改 Calculator 类使其实现接口 ActionListener。

03 增加 actionPerformed 方法，编写按钮单击处理代码，实现计算功能。

04 为每一个按钮对象添加当前 Calculator 类对象(this)作为监听器。

2. 程序代码

```java
//省略任务 6.2 中的相关代码
public class Calculator extends JFrame implements ActionListener {
Calculator(){
        JButton jb;
        for(int i=1;i<=9;i++){
            jb = new JButton(""+i);
            jb.addActionListener(this);
        }
        jb = new JButton("0");
        jb.addActionListener(this);
        jb = new JButton("清空");
        jb.addActionListener(this);
        jb = new JButton("退格");
        jb.addActionListener(this);
        jb = new JButton(".");
        jb.addActionListener(this);
        …
}
public void actionPerformed(ActionEvent e) { //按钮单击处理代码
        String cmd = e.getActionCommand();
        String c = result.getText();
        if(cmd.equals("清空")){…}
        else if(cmd.equals("退格")){…}
        else if(cmd.compareTo("0") >= 0 && cmd.compareTo("9") <= 0){…}
        else if(cmd.equals(".")){…}
        else if(cmd.equals("+") || cmd.equals("-") || cmd.equals("*") ||
                cmd.equals("/")){…}
        else if(cmd.equals("=")){//单击  = 进行计算
            calculate();
            }
        }
    }
```

知识拓展

计算器常用事件

(1) 鼠标产生的事件

```
import java.awt.*;import java.applet.Applet;
public classCountClickextends Applet
{int CurrentMarks=0;
    public boolean mouseDown(Eventevt,intx,inty)
    {CurrentMarks++;
    repaint();
    return true;
}
public void paint(Graphics g)
{ g.drawString(" "+CurrentMarks,10,10);}
}
```

(2) 键盘产生的事件: 显示用户按下的字母键内容

```
import java.applet.Applet;import java.awt.*;
{ char Presskey;
  public boolean keyDown(Event evt, int key)
  { Presskey=(char)key;
  repaint(); return true;
  }
public void paint(Graphics g)
{ g.drawString(Presskey,10,10); }
}
```

巩固训练：设计一个 Email 邮箱地址注册的图形用户界面

1. 实训目的

◎ 理解 Java 委托事件处理机制；
◎ 了解常用的事件类、处理事件的接口及接口中的方法；
◎ 掌握编写事件处理程序的基本方法；
◎ 熟练掌握 ActionEvent 事件的处理。

2. 实训内容

利用 Java Swing 技术设计一个 Email 邮箱地址注册的图形用户界面应用程序，运行结果如图 7-1-4 所示。

当用户输入完成后单击"立即注册"按钮，判断密码和确认密码是否一致。如果一致，在"立即注册"按钮的上方显示用户输入的邮件地址，运行结果如图 7-1-5 所示。

当用户输入完成后单击"立即注册"按钮，判断密码和确认密码是否一致。如果不一致，在"立即注册"按钮的上方显示"密码不正确"，运行结果如图 7-1-6 所示。

图 7-1-4　Email 注册

图 7-1-5　立即注册信息合法

图 7-1-6　立即注册信息不合法

任务 7.2　实现一个字体设计窗口

任务描述 ☞

设计一个简单的字体设置窗口程序,可根据用户选择设置字体的种类、字号、字形、颜色等属性。运行结果如图 7-2-1 所示。

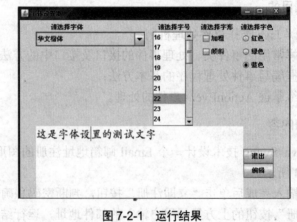

图 7-2-1　运行结果

7.2.1　组合框 JComboBox

组合框 JComboBox 用于在多项选择中选择一项的操作,用户只能选择一个项目。在未选择组合框时，组合框显示为带按钮的一个选项的形式；当对组合框按键或单击时，组合框会打开一个可列出多项的列表，提供给用户选择。由于组合框占用很少的界面空间，所以当项目较多时，一般用它来代替一组单选按钮。组合框有可编辑和不可编辑两种形式。如果将组合框声明为可编辑的，用户可以在文本框中直接输入自己的数据，默认情况下组合框是不可编辑的。组合框事件可以是 ActionEvent 事件和 ItemEvent 事件，事件处理方法与其他同类事件的处理方法类似，如表 7-2-1 所示。

表 7-2-1　组合框的构造方法和常用方法

方法名	方法功能
JComboBox()	构造一个默认模式的组合框
JComboBox(Object[] items)	通过指定数组构造一个组合框
JComboBox(Vector items)	通过指定向量构造一个组合框
JComboBox(ComboBoxModel aModel)	通过一个 ComBox 模式构造一个组合框
int getItemCount()	返回组合框中项目的个数
int getSelectedIndex()	返回组合框中所选项目的索引
Object getSelectedItem()	返回组合框中所选项目的值
boolean isEditable()	检查组合框是否可编辑
void removeAllItems()	删除组合框中所有项目
void removeItem(Object anObject)	删除组合框中指定项目
void setEditable(boolean aFlag)	设置组合框是否可编辑
void setMaximumRowCount(int count)	设置组合框显示的最多行数

7.2.2　复选框 JCheckBox

复选框是具有开关或真假状态的按钮，用户可以在多个复选框中选中一个或者多个。JCheckBox 类提供复选框的支持。单击复选框，可将其状态从"开"更改为"关"，或从"关"更改为"开"。复选框事件可以是 ActionEvent 事件和 ItemEvent 事件。JCheckBox 类可实现 ItemListener 监听器接口的 itemStateChanged() 方法来处理事件，用 addItemListener()方法注册。复选框的方法如表 7-2-2 所示。

表 7-2-2　复选框的方法

方法名	方法功能
JCheckBox()	创建无文本、无图像的初始未选复选框
JCheckBox(Icon icon)	创建有图像、无文本的初始未选复选框
JCheckBox(Icon icon, boolean selected)	创建带图像和选择状态但无文本的复选框
JCheckBox(String text)	创建带文本的初始未选复选框
JCheckBox(String text, boolean selected)	创建具有指定文本和状态的复选框
JCheckBox(String text, Icon icon)	创建具有指定文本和图标图像的初始未选复选框按钮

续表

方法名	方法功能
JCheckBox(String text, Icon icon, boolean selected)	创建具有指定文本、图标图像、选择状态的复选框按钮
String getLabel()	获得复选框标签
boolean getState()	确定复选框的状态
void setLabel(String label)	将复选框的标签设置为字符串参数
void setState(boolean state)	将复选框状态设置为指定状态

7.2.3 单选按钮 JRadioButton

单选按钮 JRadioButton 可以让用户进行选择和取消选择,与复选框不同,每次只能选择一组单选按钮中的一个。JRadioButton 类本身不具有同一时间内只有一个单选按钮对象被选中的性质,也就是说 JRadioButton 类的每个对象都是独立的,不因其他对象状态的改变而改变。因此,必须使用 ButtonGroup 类将所需的 JRadioButton 类对象构成一组,使得同一时间内只有一个单选按钮对象被选中。只要通过 ButtonGroup 类对象调用 add() 方法,将所有 JRadioButton 类对象添加到 ButtonGroup 类对象中,即可实现多选一。ButtonGroup 类只是一个逻辑上的容器,它并不在 GUI 中表现出来。单选按钮的选择事件是 ActionEvent 类事件。单选按钮的方法如表 7-2-3 所示。

表 7-2-3 单选按钮的方法

方法名	方法功能
JRadioButton()	使用空字符串标签创建一个单选按钮(没有图像、未选定)
JRadioButton(Icon icon)	使用图标创建一个单选按钮(没有文字、未选定)
JRadioButton(Icon icon, boolean selected)	使用图标创建一个指定状态的单选按钮(没有文字)
JRadioButton(String text)	使用字符串创建一个单选按钮(未选定)
JRadioButton(String text, boolean selected)	使用字符串创建一个单选按钮(已选定)
JRadioButton(String text, Icon icon)	使用字符串和图标创建一个单选按钮(未选定)
JRadioButton(String text, Icon icon, boolean selected)	使用字符串创建一个单选按钮

7.2.4 列表框 JList

列表框 JList 是允许用户从一个列表中选择一项或多项的组件,用其显示一个数组或集合中的数据是很容易的。列表框使用户易于操作大量的选项。列表框的所有项目都是可见的,如果选项很多,超出了列表框可见区的范围,则列表框的旁边会出现一个滚动条。列表框事件可以是 ListSelectionEvent 事件和 ItemEvent 事件。列表框的方法如表 7-2-4 所示。

表 7-2-4 列表框方法

方法名	方法功能
JList()	构造一个空的滚动列表
JList(Object[] listData)	通过一个指定对象数组构造一个列表
JList(ListModel dataModel)	通过列表模式构造一个列表
JList(Vector listData)	通过一个向量构造一个列表，是默认的选择方式
int getSelectedIndex()	获取列表中选中项的索引
int[] getSelectedIndexes()	获取列表中选中的索引数组
Object getSelectedValue()	获取列表中选择的值
Object[] getSelectedValues()	获取列表中选择的多个值
void setSelectionMode(int selectionMode)	设置选择模式
void setVisibleRowCount(int visibleRowCount)	设置不带滚动条时显示的行数

7.2.5 选择事件 ItemEvent

选择事件 ItemEvent 在 Java GUI 中。当进行选择性的操作，如单击复选框或列表项时，或者当一个选择框、一个可选菜单项被选择或取消时生成选择事件。选中其中一项或取消其中一项都会触发相应的选择事件。触发选择事件的组件比较多，如 JComboBox、JCheckBox、JRadioButton 组件。当用户在下拉列表、复选框和单选按钮中选择一项或取消一项，都会触发所谓的选择事件 ItemEvent。当用户单击某个 JRadioButton 类对象时，可以产生一个 ActionEven 和一个或者两个 ItemEvent(一个来自被选中的对象，另一个来自之前被选中现在未选中的对象)。也就是说 JRadioButton 类可以同时响应 ItemEvent 和 ActionEvent。大多数的情况下，只需要处理被用户单击选中的对象，所以使用 ActionEvent 来处理 JRadioButton 类对象的事件。当用户单击某个 JCheckBox 类对象时，也可以产生一个 ItemEvent 和一个 ActionEvent 事件。大多数的情况下，需要判断 JCheckBox 类对象是否被选中，所以经常使用 ItemEvent 来处理 JCheckBox 类的事件。当用户改变一个组件的状态时，会产生一个或多个 ItemEven 类事件。处理 ItemEvent 类事件的步骤如下：

01 使用 import java.awt.event.*;语句导入 java.awt.event 包中的所有类；

02 给程序的主类添加 ItemListener 接口；

03 将需要监听的组件注册，其格式为"对象名.addItemListener (this)"；

04 在 itemStateChanged()方法中编写具体处理该事件的方法，其格式为：

```
public void itemStateChanged(ItemEvent e) { }
```

在 itemStateChanged()方法中，经常使用下面 3 种方法来判断对象当前的状态。

(1) getItem()方法：返回因为事件的产生而改变状态的对象，其返回类型为 Object。通过 if 语句将 getItem()依次与所有能改变状态的对象进行比较，就可以确定到底是哪一个对象因为事件的产生而改变了状态。

(2) getItemSelectable()方法：返回产生事件的对象，其返回类型为 Object。通过 if 语句将 getItemSelectable()依次与所有能产生事件的对象进行比较，就可以确定用户单击的是哪一个对象。getItemSelectable()方法的作用与 getSource()方法的作用完全一样。

(3) getStateChange()方法：返回产生事件对象的当前状态，其返回值有两个——ItemEvent.SELECTED 和 ItemEvent.DESELECTED。ItemEvent.SELECTED 表示对象当前为选中，ItemEvent.DESELECTED 表示对象当前未选中。

7.2.6 实践操作：字体设置窗口程序设计

1. 实施思路

界面中的字体颜色单选项和字形复选框分别通过 JRadioButton 和 JCheckBox 类进行创建并实现，字号选择通过 JList 类实现，字体选择通过 JComboBox 类实现。布局通过盒式布局嵌套实现，两个水平的盒子放在一个垂直的盒子里。上面水平的盒子里放 JComboBox、JList、JCheckBox、JRadioButton 对象，下面水平盒子里放文本区 JTextArea 对象和按钮对象。同时实现 ItemListener 和 ActionListener 接口，处理按钮单击和选择控件的事件。

01 定义类 FontSet，继承 JFrame，实现 ItemListener 和 ActionListener 接口；

02 通过 JComboBox、JCheckBox、JradioButton 等对象实现 GUI 界面设计；

03 为组件添加监听器；

04 为 ItemListener 和 ActionListener 接口添加事件处理代码；

05 编写 main 方法测试程序。

2. 程序代码

```
public FontSet(){//构造方法实现窗口显示
...
}
public class FontSet extends JFrame implements ItemListener, ActionListener{
//类及变量定义
    JRadioButton jrbRed = new JRadioButton("红色",true);
    JRadioButton jrbGreen = new JRadioButton("绿色");
    JRadioButton jrbBlue = new JRadioButton("蓝色");
    private ButtonGroup bg = new ButtonGroup();
    JCheckBox jcb1 = new JCheckBox("加粗");
    JCheckBox jcb2 = new JCheckBox("倾斜");
    JComboBox listFont;
    JList listSize;
    JTextArea taDemo;
    JButton btnExit,btnEdit;
//事件处理代码
    public void actionPerformed(ActionEvent e){
        if (e.getSource() == btnExit) {
            dispose();
        }
        else if (e.getSource() == btnEdit){
            int style = Font.PLAIN;
            if(jcb1.isSelected())
                style |= Font.BOLD;
            if(jcb2.isSelected())
                style |= Font.ITALIC;
            if(jrbRed.isSelected())
                taDemo.setForeground(Color.RED);
```

```
        if(jrbGreen.isSelected())
            taDemo.setForeground(Color.GREEN);
        if(jrbBlue.isSelected())
            taDemo.setForeground(Color.BLUE);
        String strFont = (String)listFont.getSelectedItem();
        Font ft = new Font(strFont,style,listSize.getSelectedIndex()+16);
        taDemo.setFont(ft);
        }
    }
}
```

■ 知识拓展

GraphicsEnvironment 类

GraphicsEnvironment 类描述了 Java 应用程序在特定平台上可用的 GraphicsDevice 对象和 Font 对象的集合。此 GraphicsEnvironment 中的资源可以是本地资源，也可以位于远程机器上。GraphicsDevice 对象可以是屏幕、打印机或图像缓冲区，并且都是 Graphics2D 绘图方法的目标。每个 GraphicsDevice 都有许多与之相关的 GraphicsConfiguration 对象，这些对象指定了使用 GraphicsDevice 所需的不同配置。下面是 GraphicsEnvironment 类的几个有用的方法。

① Abstract Font[] getAllFonts()：返回一个数组，它包含此 GraphicsEnvironment 中所有可用字体的像素级实例。

② Abstract String[] getAvailableFontFamilyNames()：返回一个包含此 GraphicsEnvironment 中所有字体系列名称的数组，它针对默认语言环境进行了本地化，由 Locale.getDefault() 返回。

③ Point getCenterPoint()：返回 Windows 居中的点。

④ Rectangle getMaximumWindowBounds() 返回居中 Windows 的最大边界。

巩固训练：字体设置程序设计

1. 实训目的

◎ 掌握 ItemListener 接口的使用；
◎ 掌握复选框的使用；
◎ 掌握单选按钮的使用；
◎ 掌握组合框的使用。

2. 实训内容

综合运用 Java 选择控件，设计一个简单的字体设置程序，可以进行字体、字型、字号和字体颜色的设置。

155

任务 7.3　实现一个字体设计菜单

任务描述 ☞

本次任务将设计一个带有菜单的图形用户界面程序，使用级联菜单控制文字的字体和颜色。运行结果如图 7-3-1 所示。

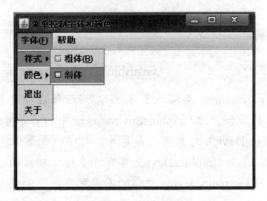

图 7-3-1　运行结果

真正的 GUI 应用程序缺少不了菜单，它可以给用户提供简明清晰的信息，让用户从多个项目中进行选择，又可以节省界面空间。位于窗口顶部的菜单栏和其子菜单一般会包括一个应用程序的所有方法和功能，是比较重要的组件。

在程序中使用普通菜单的基本过程，如图 7-3-2 所示，首先创建一个菜单栏 JMenuBar；其次创建若干菜单项 JMenu，并把它们添加到 JMenuBar 中；再次，创建若干个菜单子项 JMenuItem，或者创建若干个带有复选框的菜单子项 JCheckboxMenuItem，并把它们分类别地添加到每个 JMenu 中；最后，通过 JFrame 类的 setJMenuBar()方法，将菜单栏 JMenuBar 添加到框架上，使之能够显示。

图 7-3-2　使用菜单的过程

JCheckboxMenuItem 类用于创建复选菜单项。当选中复选框菜单子项时，在该菜单子项左边出现一个选择标记，如果再次选中该项，则该选项左边的选择标记就会消失。

JRadioButtonMenuItem 类用于创建单选菜单项，属于一组菜单项中的一项，该组中只能选择一个项，被选择的项显示其选择状态；选择此项的同时，其他任何以前被选择的项都切换到未选择的状态。

7.3.1　菜单栏 JMenuBar

JMenuBar 是放置菜单的菜单栏，可通过 new JmenuBar()构造一个菜单栏对象。JMenuBar 构造方法及常用方法如表 7-3-1 所示。

表 7-3-1　JMenuBar 构造方法及常用方法

方法名	方法功能
JMenuBar ()	构造新菜单栏 JMenuBar
JMenu getMenu(int index)	返回菜单栏中指定位置的菜单
int getMenuCount()	返回菜单栏上的菜单数
void paintBorder(Graphics g)	如果 BorderPainted 属性为 true，则绘制菜单栏的边框
void setBorderPainted(boolean b)	设置是否应该绘制边框
void setHelpMenu(JMenu menu)	设置用户选择菜单栏中的"帮助"选项时显示的帮助菜单
void setMargin(Insets m)	设置菜单栏的边框与其菜单之间的空白
void setSelected(Component sel)	设置当前选择的组件，更改选择模型

以下代码给出了如何创建 myJMenuBar，并添加到 JDialog 中：

```
JMenuBar myJMenuBar=new JMenuBar();
JDialog myJDialog=new JDialog();
myDialog.setJMenuBar(myJMenuBar);
```

7.3.2　菜单项 JMenu

JMenu 是菜单项对象，用 new JMenu("文件")构造一个菜单项对象。例如：

```
JMenu menu = new JMenu("文件(F)");//创建一个菜单项对象
```

JMenu 构造方法及常用方法如表 7-3-2 所示。

表 7-3-2　JMenu 构造方法及常用方法

方法名	方法功能
JMenu()	构造没有文本的新 JMenu
JMenu(Action a)	构造一个从提供的 Action 获取其属性的菜单
JMenu(String s)	构造一个新 JMenu，用提供的字符串作为其文本
JMenu(String s, boolean b)	构造一个新 JMenu，用提供的字符串作为其文本并指定其是否为分离式 (tear-off) 菜单
void add()	将组件或菜单项追加到此菜单的末尾
void addMenuListener(MenuListener l)	添加菜单事件的监听器
void addSeparator()	将新分隔符追加到菜单的末尾
void doClick(int pressTime)	以编程方式执行"单击"操作
JMenuItem getItem(int pos)	返回指定位置的 JMenuItem

方法名	方法功能
void setMenuLocation(int x, int y)	设置弹出菜单的位置
int getItemCount()	返回菜单上的项数,包括分隔符
JMenuItem insert(Action a, int pos)	在给定位置插入连接到指定 Action 对象的新菜单项
JMenuItem insert(JMenuItem mi, int pos)	在给定位置插入指定的 JMenuItem
void insert(String s, int pos)	在给定位置插入一个具有指定文本的新菜单项
void insertSeparator(int index)	在指定的位置插入分隔符
boolean isSelected()	如果菜单是当前选择的(即突出显示的)菜单,则返回 true
void remove()	从此菜单移除组件或菜单项
void removeAll()	从此菜单移除所有菜单项
void setDelay(int d)	设置菜单的 PopupMenu 向上或向下弹出前的延迟

7.3.3 菜单项子项 JMenuItem

JMenuItem 是菜单项子项类,通过 new JMenuItem("菜单条目1")方法构造一个菜单项子项对象。其构造方法及常用方法如表 7-3-3 所示。

表 7-3-3 JMenuItem 构造方法及常用方法

方法名	方法功能
JMenuItem()	创建不带有设置文本或图标的 JMenuItem
JMenuItem(Action a)	创建一个从指定的 Action 获取其属性的菜单项
JMenuItem(Icon icon)	创建带有指定图标的 JMenuItem
JMenuItem(String text)	创建带有指定文本的 JMenuItem
JMenuItem(String text, Icon icon)	创建带有指定文本和图标的 JMenuItem
JMenuItem(String text, int mnemonic)	创建带有指定文本和键盘助记符的 JMenuItem
boolean isArmed()	返回菜单项是否被"调出"
void setArmed(boolean b)	将菜单项标识为"调出"
void setEnabled(boolean b)	启用或禁用菜单项
void setAccelerator(KeyStroke keystroke)	设置菜单项的快捷键
void setMnemonic(char mnemonic)	设置菜单项的热键
KeyStroke getAccelerator( )	返回菜单项的快捷键

示例代码如下:

```
JMenuItem item = new JMenuItem("新建(N)", KeyEvent.VK_N);
//创建带有指定文本和键盘助记符的 JMenuItem
item.setAccelerator(KeyStroke.getKeyStroke(KeyEvent.VK_N, ActionEvent.CTRL_MASK));
//设置修改键,它能直接调用菜单项的操作监听器而不必显示菜单的层次结构
menu.add(item);//将 JMenuItem 项添加到菜单栏中去
```

7.3.4　复选菜单项 JCheckBoxMenuItem

JCheckBoxMenuItem 构造方法及常用方法如表 7-3-4 所示。

表 7-3-4　JCheckBoxMenuItem 构造方法及常用方法

方法名	方法功能
JCheckBoxMenuItem()	创建一个不带有指定文本或图标的复选菜单项
JCheckBoxMenuItem(String text)	创建一个有指定文本的复选菜单项
JCheckBoxMenuItem(Icon icon)	创建一个带有指定图标的复选菜单项
JChcckBoxMenuItem(String text, Icon icon)	创建一个有文本和图标的复选菜单项
JCheckBoxMenulte(String text, Boolean b)	创建一个有文本和设置选择状态的复选菜单项
JChcckBoxMenuItem(String text, Icon icon, Boolean b)	创建一个有文本、图标和设置选择状态的复选菜单项
Boolean getState()	返回菜单项的选定状态
void setState(Boolean b)	设置该项的选定状态

例如：

```
JCheckBoxMenuItem cbMenuItem = new JCheckBoxMenuItem("自动换行");
```

7.3.5　单选菜单项 JRadioButtonMenuItem

JRadioButtonMenuItem 构造方法及常用方法如表 7-3-5 所示。

表 7-3-5　JRadioButtonMenuItem 构造方法及常用方法

方法名	方法功能
JRadioButtonMenuItem()	创建一个新的单选菜单项
JRadioButtonMenuItem(String text)	创建一个带有指定文本的单选菜单项
JRadioButtonMenuItem(Icon icon)	创建一个带有指定图标的单选菜单项
JRadioButtonMenuItem(String text, Icon icon)	创建一个有文本和图标的单选菜单项
JRadioButtonMenulte(String text, Boolean selected)	创建一个有文本和设置选择状态的单选菜单项
JRadioButtonMenuItem(Icon icon, Boolean selected)	创建一个有图标和设置选择状态的单选菜单项
JRadioButtonMenuItem(String text, Icon icon, Boolean selected)	创建一个有文本、图标和设置选择状态的单选菜单项

例如：

```
JRadioButtonMenuItem mrButton = new JRadioButtonMenuItem("男",gender);
JRadioButtonMenuItem missButton = new JRadioButtonMenuItem("女",!gender);
```

7.3.6 实践操作：字体设置菜单设计

1. 实施思路

任务 7.2 中已经讲述了如何设置字体，本任务中通过菜单来选择字体。通过 JMenuBar 实现菜单栏，JMenu 实现菜单，JMenuItem 实现菜单项，JCheckBoxMenuItem 实现带复选按钮的菜单项，addSeparator 方法添加水平分割线，setMnemonic 方法添加菜单的快捷键。

01 定义一个 MenuTest 菜单类，继承自窗体类 JFrame，并实现 ActionListener。

02 定义 MenuTest 构造方法，首先通过 JMenuBar 建立一个菜单栏，然后使用 JMenu 建立菜单，每个菜单再通过 JMenuItem 建立菜单项。

03 定义 actionPerformed，对菜单选择事件做相应处理。

2. 程序代码

```
//类声明及变量定义
public class MenuTest extends JFrame implements ActionListener{
    JMenuBar jmb = new JMenuBar();
    JMenu fontMenu = new JMenu("字体(F)");
    JMenu helpMenu = new JMenu("帮助");
    JMenu styleMenu = new JMenu("样式");
    …
}
public MenuTest(){//构造方法实现菜单栏
        setJMenuBar(jmb);
        jmb.add(fontMenu);
        jmb.add(helpMenu);
        fontMenu.setMnemonic(KeyEvent.VK_F);
        boldMenu.setMnemonic(KeyEvent.VK_B);
        fontMenu.add(styleMenu);
        fontMenu.add(colorMenu);
        fontMenu.addSeparator();
        fontMenu.add(exitMenu);
        fontMenu.add(aboutMenu);
        styleMenu.add(boldMenu);
        styleMenu.add(italicMenu);
        colorMenu.add(redMenu);
        colorMenu.add(greenMenu);
        colorMenu.add(blueMenu);
        exitMenu.addActionListener(this);
        aboutMenu.addActionListener(this);
        boldMenu.addActionListener(this);
        italicMenu.addActionListener(this);
        redMenu.addActionListener(this);
        greenMenu.addActionListener(this);
        blueMenu.addActionListener(this);
        getContentPane().add(txtDemo);
        …
    }
//菜单选择事件处理
public void actionPerformed(ActionEvent e){
        String cmd = e.getActionCommand();
        if(cmd.equals("红色"))
            txtDemo.setForeground(Color.RED);
        else if(cmd.equals("绿色"))
```

```
            txtDemo.setForeground(Color.GREEN);
        else if(cmd.equals("蓝色"))
            txtDemo.setForeground(Color.BLUE);
        else if(cmd.equals("粗体"))
            bold = boldMenu.isSelected() ? Font.BOLD : Font.PLAIN;
        else if(cmd.equals("斜体"))
            italic = italicMenu.isSelected() ? Font.ITALIC : Font.PLAIN;
        else if(cmd.equals("退出"))
            System.exit(0);
        txtDemo.setFont(new Font("Serif",bold + italic,24));
    }
```

知识拓展

弹出式菜单 JPopupMenu

弹出式菜单(JPopupMenu)也称快捷菜单，它可以附加在任何组件上使用。当在附有快捷菜单的组件上单击鼠标右键时，即显示出快捷菜单。弹出式菜单(JPopupMenu)是一种特别的 JMenu，并不固定在窗口的任何一个位置，而是由鼠标和系统判断决定 JPopupMenu 出现的位置。弹出式菜单的结构与下拉式菜单中的菜单项 JMenu 类似：一个弹出式菜单包含有若干个菜单子项 JMenuItem，只是这些菜单子项不是装配到 JMenu 中，而是装配到 JPopupMenu 中。方法 show(Component origin，int x，int y)用于在相对于组件的 x、y 位置显示弹出式菜单。弹出式菜单一般在鼠标事件中弹出，例如：

```
public void mouseClicked(MouseEvent mec) { //处理鼠标单击事件
if (mec.getModifiers( )==mec.BUTTON3_MASK) //判断单击右键
    popupMenu.show(this,mec.getX( ),mec.getY()); //在鼠标单击处显示菜单
}
```

菜单与其他组件有一个重要的不同：不能将菜单添加到一般的容器中，而且不能使用布局管理器对它们进行布局。弹出式菜单因为可以以浮动窗口形式出现，因此也不需要布局。不论是弹出式菜单还是下拉式菜单，仅在其某个菜单子项(JMenuItem 类或 JCheckboxMenuItem 类)被选中时才会产生事件；当一个 JMenuItem 类菜单子项被选中时，产生 ActionEvent 事件对象；当一个 JCheckboxMenuItem 类菜单子项被选中或被取消选中时，产生 ItemEvent 事件对象。ActionEvent 事件、ItemEvent 事件分别由 ActionListener 接口和 ItemListener 接口来监听处理。当菜单中既有 JMenuItem 类的菜单子项，又有 JCheckboxMenuItem 类的菜单子项时，必须同时实现 ActionListener 接口和 ItemListener 接口，才能处理菜单上的事件。

JPopupMenu 构造方法及常用方法如表 7-3-6 所示。

表 7-3-6　JPopupMenu 构造方法及常用方法

方法名	方法功能
JPopupMenu()	构造一个不带"调用者"的 JPopupMenu
JPopupMenu(String s)	构造一个具有指定标题的 JPopupMenu
boolean isVisible( )	如果弹出菜单可见(当前显示的)，则返回 true
String getLabel( )	返回弹出式菜单的标签

续表

方法名	方法功能
void insert(Component component, int index)	将指定组件插入到菜单的给定位置
void pack( )	布置容器，让它使用显示其内容所需的最小空间
void setLocation(int x, int y)	使用 x、y 坐标设置弹出式菜单的左上角的位置
void setPopupSize(Dimension d)	使用 Dimension 对象设置弹出窗口的大小
void setPopupSize(int width, int height)	将弹出窗口的大小设置为指定的宽度和高度
void setVisible(boolean b)	设置弹出式菜单的可见性
void show(Component invoker, int x, int y)	在组件调用者坐标空间中的位置x、y显示弹出式菜单

巩固训练：设计一个带有菜单的图形用户界面

1. 实训目的

◎ 掌握下拉式菜单的设计及菜单事件的处理；

◎ 掌握弹出式菜单的设计及菜单事件的处理；

◎ 掌握 MouseEvent 事件的处理；

◎ 了解 KeyEvent 事件、TextEvent 事件、WindowEvent 事件的处理。

2. 实训内容

设计一个带有菜单的图形用户界面，跟踪鼠标的移动，在文本区域实时显示鼠标动作和坐标位置。

单元小结

开发具有良好图形用户界面(Graphical User Interface，GUI)的程序无疑是编程人员追求的目标。用户通过鼠标对软件的窗口、菜单、列表框、对话框等图形组件进行操作，可以方便地使用软件。20 世纪 70 年代以来，GUI 软件首先在苹果公司的 Macintosh 计算机中应用。GUI 具有易于学习、便于操作等优点，得到广泛应用和认可，并逐渐取代了字符界面。

本单元着重介绍了 GUI 编程的事件处理机制、GUI 编程中控件的事件处理、菜单和其他控件的使用方法等内容。

单元习题

一、选择题

1. 单击按钮组件会产生( )事件。

A. KeyEvent   B. MouseEvent   C. ItemEvent   D. AetionEvent

2. 对象 myListener 的类实现了 ActionListener 接口，语句( )可以使 myListener 对象接收组件 jbok 产生的 actionEvent 事件。

A. jbok.add(myListener)   B. jbok.add Listener(myListener)

C. jbok.addActionListener(myListener)   D. jbok.setActionListener(myListener)

3. 下列(　　)方法不是 MouseListener 中的方法。

A. mouseMove(MouseEvent e)　　　　　B. mouseClicked(MouseEvent e)

C. mousePressed(MouseEvent e)　　　　D. mouseReleased(MouseEvent e)

二、填空题

1. 通过 ActionEvent 类的_____和_____方法可以确定作为事件源的对象。

2. JRadioButton 类可以在_____类的辅助下实现从一组单选按钮中只能选中一个按钮的功能。

3. 通过_____类的_____方法可以实现菜单的快捷键功能。

三、简答题

1. Java 的事件处理机制是什么？有什么作用？

2. 常用的选择组件有哪些？事件如何处理？

3. 菜单的优点是什么？菜单如何分类？菜单使用的方式是什么？

四、编程题

1. 上网查询"华容道"游戏的说明和要求，编写"华容道"游戏。

2. 利用按钮对象编写"连连看"游戏。

3. 设计员工信息录入和编辑窗口，员工信息包括员工的姓名、出生日期、工资、部门、性别等。要求姓名直接输入，出生年月日通过下拉列表选择，工资直接输入，部门通过下拉列表选择，性别通过单选按钮选择。最终将用户输入信息显示在一个文本区域内。

4. 编写程序，设计模拟 Windows 的记事本界面，包括菜单栏和窗口标题，只要求实现外观模拟，不要求实现文件读写功能。用户选择菜单项时，在编辑区显示用户选择的功能即可。

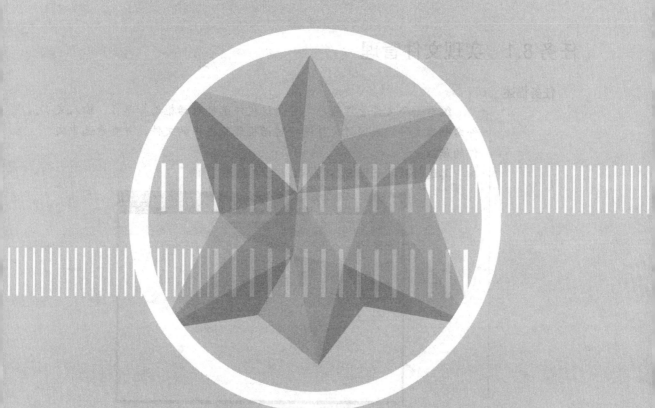

单元 8

高级程序设计——文件管理

学习目标

1. 掌握文件、目录的概念
2. 掌握文件命名和文件属性的查询
3. 掌握文件目录处理和创建文件夹
4. 理解实现文件读写流的概念
5. 掌握文件流的分类
6. 掌握文件字节流常用类的使用
7. 掌握文件字符流常用类的使用

任务 8.1   实现文件管理

任务描述 👉

编写一个文件管理程序，可通过文件选择对话框选择路径，输入文件名创建文件。或通过文件选择对话框删除选中的文件，并查看选中文件的属性。

其运行结果如图 8-1-1 所示。

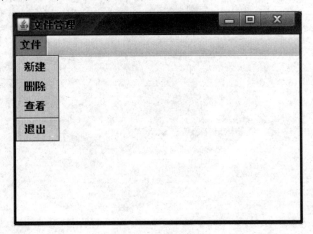

图 8-1-1   运行结果

8.1.1   File 文件概念

File 类提供了操作系统目录管理的功能，主要用于文件命名、文件属性查询以及文件目录管理、文件夹创建等操作。但是 File 类不能对文件内容进行读写操作。File 类位于 java.io 包中。

File 文件概念

8.1.2   File 文件的创建

File 类对象表示文件或目录，通过 File 类的构造方法可以创建 File 类对象，下面是 File 类中常用的构造方法。

◎　File(String pathname)：通过指定的路径名字符串 pathname 创建一个 File 对象。

◎　File(String parent, String child)：根据父路径字符串 parent 及子路径字符串 child 创建一个 File 对象。

◎　File(File parent, String child)：根据指定的父 File 对象 parent 以及子路径的字符串 child 创建一个 File 对象。

下面代码分别通过 Fille 类构建方法创建 File 对象：

```
File f1=new File("out.txt");             //表示在当前目录下的 out.txt
File f2=new File("temp","out.txt");      //表示在 temp 子目录下的 out.txt
File directory=new File("temp");
File f3=new File(directory,"out.txt"); //表示在 temp 子目录下的 out.txt
```

File 类的实例是不可变的，也就是说，一旦创建，File 对象表示的路径名将永不改变。

8.1.3　File 类常用的方法

1. File 类与文件名称有关的方法

◎　public String getName()：返回由此 File 对象表示的文件或目录的名称。

◎　public String getPath()：将此 File 对象转换为一个路径名字符串。

◎　public String getAbsolutePath()：返回 File 对象的绝对路径名字符串。

◎　public String getParent()：返回此 File 对象的父路径名字符串，如果此路径名没有指定父目录，则返回 null。

◎　public boolean renameTo(File dest)：重新命名此 File 对象表示的文件。

2. 获取文件信息的操作

◎　boolean exists( )：测试此 File 对象表示的文件或目录是否存在。

◎　boolean canWrite ( )：测试应用程序是否可以修改此 File 对象表示的文件。

◎　boolean canRead ( )：测试应用程序是否可以读取此 File 对象表示的文件。

◎　boolean isFile()：测试此 File 对象表示的文件是否是一个标准文件。

◎　boolean isDirectory ()：测试此 File 对象表示的文件是否是一个目录。

◎　boolean isAbsolute( )：测试此 File 对象是否为绝对路径名。

◎　boolean isHidden()：测试此 File 对象指定的文件是否是一个隐藏文件。

◎　long lastModified ( )：返回文件最后一次被修改的时间。

◎　long length()：返回文件的长度。

【实例 8-1】File 类的主要方法演示。

```
import java.io.*;
class FileMethods
{
    public static void main(String args[])
    {
        File f1 = new File("c:\\java", "abc.txt");
        System.out.println("文件名:"+ f1.getName());
        System.out.println("路径:"+ f1.getPath());
        System.out.println("绝对路径:"+ f1.getAbsolutePath());
        System.out.println(f1.exists()?"文件存在":"文件不存在");
        System.out.println(f1.isDirectory()?"文件是目录":"文件不是目录");
        System.out.println(f1.isFile()?"文件是普通文件":"文件可能是命名管道
");
        if(f1.canRead()){
            System.out.println("可以读取此文件");
        }
        else{
```

```
            System.out.println("不可以读取此文件");
        }
        if(f1.canWrite()){
            System.out.println("可以写入到此文件");
        }
        else{
            System.out.println("不可以写入到此文件");
        }
        System.out.println ("此文件最后修改时间是1970年1月1日后的"+
                    f1.lastModified()+"秒");
    }
}
```

该程序产生的输出如下：

```
文件名:abc.txt
路径:c:\java\abc.txt
绝对路径:c:\java\abc.txt
文件不存在
文件不是目录
文件可能是命名管道
不可以读取此文件
不可以写入到此文件
此文件最后修改时间是1970年1月1日后的0秒
```

3. File 类的文件创建、删除操作

File 类常用的文件创建、删除方法如下。

◎ boolean createNewFile()：如果 File 对象所表示的文件不存在并成功创建，则返回 true，否则返回 false。

◎ boolean delete()：删除此 File 对象表示的文件或目录，目录必须为空才能删除，删除成功返回 true，否则返回 false。

【实例 8-2】通过程序删除指定文件。

```
import java.io.*;
public class DeleteFileDemo {
    public static void main(String[] args) {
        File f = new File("c:/del/a.txt");
        File dir = new File("c:/del");
        boolean b2=dir.delete();
        if(b2)
            System.out.println("文件夹 c:/del 成功删除");
        else
            System.out.println("文件夹 c:/del 删除失败");
        boolean b1=f.delete();
        if(b1)
            System.out.println("文件 a.txt 成功删除");
        else
            System.out.println("文件 a.txt 删除失败");
    }
}
```

该程序产生的输出如下：

```
文件夹 c:/del 删除失败
文件 a.txt 删除失败
```

4. 目录操作

目录操作常用方法如下所示。

◎ boolean mkdir ()：创建此 File 对象指定的目录。

◎ boolean mkdirs()：父目录不存在则自动创建。

◎ String [] list ()：File 类在目录中得到一组文件的方法。此方法返回由此 File 对象所表示的目录中的文件和目录的名称所组成字符串数组。

◎ File[] listFiles()：返回一个 File 对象数组，这些 File 对象表示此目录中的文件。

◎ String[] list(FilenameFilter filter)：列出指定类型的文件或子目录，返回内容必须满足特定过滤器。

◎ File[] listFiles(FilenameFilter filter)：列出指定类型的文件或子目录，返回内容必须满足特定过滤器。

◎ FilenameFilter：这是一个接口，接口有唯一方法 boolean accept(File dir, String name)，该方法用于判断 dir、name 指定的文件是否为需要类型。只要创建一个类，实现此接口，就可实现按需要过滤文件。

【实例 8-3】列出指定目录下的所有 Java 源文件。

```java
import java.io.*;
class FileAccept implements FilenameFilter
{
    String extName ="";
    FileAccept(String extName)
    {
        this.extName = extName;
    }
    public boolean accept(java.io.File file, String fileName)
    {
        return fileName.endsWith(extName);
    }
}
public class ListSpecialFiles {
    public static void main(String[] args) {
        File dir = new File("E:/javaproject");
        FileAccept con = new FileAccept("java");
        String[] fileNames = dir.list();
        System.out.println("list all files ..." + fileNames.length);
        for(int i=0;i<fileNames.length;i++)
        {
            System.out.println(fileNames[i]);
        }
        fileNames = dir.list(con);
        System.out.println("list java files ..." + fileNames.length);
        for(int i=0;i<fileNames.length;i++)
        {
            System.out.println(fileNames[i]);
        }
    }
}
```

该程序产生的输出如下：

```
list all files ...3
DeleteFileDemo.java
```

```
FileMethods.java
文本文档.txt
list java files ...2
DeleteFileDemo.java
FileMethods.java
```

8.1.4 实践操作：文件管理程序设计

1. 实施思路

通过菜单实现功能选择，通过 JFileChooser 实现文件选择，通过 File 类实现文件的创建、删除和查看。

01 定义类 FileManager，继承 JFrame，实现 ActionListener 接口；

02 在 FileManager 类的构造方法中定义菜单；

03 在 actionPerformed 方法中实现文件创建、删除和查看功能；

04 在 main 方法中创建 FileManager 类对象。

2. 程序代码

```java
import javax.swing.*;
import java.awt.event.*;
import java.awt.*;
import java.io.*;
public class FileManager extends JFrame implements ActionListener {
    添加组件...
    public FileManager() {
        ...
    //组件初始化
    }
public void actionPerformed(ActionEvent e) {
        String cmd = e.getActionCommand();
        if (cmd.equals("新建")) {
            //首先创建 JFileChooser 对象，里面带个参数，
            //表示默认打开的目录，这里是默认打开当前文件所在的目录
            JFileChooser file = new JFileChooser(".");
            //下面这句是设置显示所有文件这个过滤器
            file.setAcceptAllFileFilterUsed(true);
            int result = file.showDialog(this, "新建");
            //JFileChooser.APPROVE_OPTION 是整型常量，代表 0
            //就是说当返回 0 的值我们才执行相关操作，否则什么也不做
            if (result == JFileChooser.APPROVE_OPTION) {
            //获得你选择文件绝对路径，并输出
            //当然，我们获得这个路径后还可以做很多的事
                File f1 = file.getSelectedFile();
                try {
                    f1.createNewFile();
                } catch (IOException ex) {
                    System.out.println(ex);
                }
            }
        } else if (cmd.equals("删除")) {
            JFileChooser file = new JFileChooser(".");
            file.setAcceptAllFileFilterUsed(true);
            int result = file.showDialog(this, "删除");
```

```
            if (result == JFileChooser.APPROVE_OPTION) {
                File f1 = file.getSelectedFile();
                if (f1.delete())
                    JOptionPane.showMessageDialog(this,
                        "文件" + f1.getAbsolutePath() + "成功删除", "文件删除",
                        JOptionPane.INFORMATION_MESSAGE);
                else
                    JOptionPane.showMessageDialog(this,
                        "文件" + f1.getAbsolutePath() + "删除失败", "文件删除",
                        JOptionPane.WARNING_MESSAGE);
            }
        } else if (cmd.equals("查看")) {
            JFileChooser file = new JFileChooser(".");
            file.setAcceptAllFileFilterUsed(true);
            int result = file.showDialog(this, "查看");
            if (result == JFileChooser.APPROVE_OPTION) {
            File f1 = file.getSelectedFile();
            StringBuffer str = new StringBuffer();
            str.append("文件名:"+ f1.getName()+"\n");
            str.append("路径:"+ f1.getPath()+"\n");
            str.append("绝对路径:"+ f1.getAbsolutePath()+"\n");
            str.append(f1.exists()?"文件存在":"文件不存在"+"\n");
            str.append(f1.isDirectory()?"文件是目录":"文件不是目录"+"\n");
            str.append(f1.isFile()?"文件是普通文件":"文件可能是命名管道
"+"\n");
                if(f1.canRead()){
                    str.append("可以读取此文件"+"\n");
                }
                else{
                    str.append("不可以读取此文件"+"\n");
                }
                if(f1.canWrite()){
                    str.append("可以写入到此文件"+"\n");
                }
                else{
                    str.append("不可以写入到此文件"+"\n");
                }
    str.append("此文件最后修改时间是1970年1月1日后的"+f1.lastModified()+"秒");
                txtInfo.setText(str.toString());
            }
        } else if (cmd.equals("退出"))
            System.exit(0);
    }
    public static void main(String[] args) {
        FileManager tm = new FileManager();
    }
}
```

■ 知识拓展 ■

JFileChooser 基本使用方法

　　JFileChooser 类允许用户通过弹出的对话框来选择要打开、保存的文件或输入要保存的文件名。JFileChooser 基本使用方法是很简单的，通过下面实例就可以明白。我们还可以实现更强的功能：如通过前面出现过的 FileFilter 接口添加过滤器，只显示过滤后的文件；当保存的是目录里已经存在的文件，就不允许对话框关闭，并且弹出一个 JOptionPane 提示用户是否覆盖文件。

【实例 8-4】打开文件选择对话框应用举例。

```java
import java.io.File;
import javax.swing.JFileChooser;
import javax.swing.filechooser.FileFilter;
public class FileChooserTest {
    public static void main(String [] args) {
    JFileChooser file = new JFileChooser (".");
    file.setAcceptAllFileFilterUsed(false);
    file.addChoosableFileFilter(new ExcelFileFilter("xls"));
    file.addChoosableFileFilter(new ExcelFileFilter("exe"));
    int result = file.showOpenDialog(null);
    if(result == JFileChooser.APPROVE_OPTION){
       String path = file.getSelectedFile().getAbsolutePath();
       System.out.println(path);
    }
    else{
       System.out.println("你已取消并关闭了窗口！");
     }
    }
    private static class ExcelFileFilter extends FileFilter {
        String ext;
        //构造方法的参数是我们需要过滤的文件类型
        //比如 excel 文件就是 xls,exe 文件是 exe
        ExcelFileFilter(String ext) {
           this.ext = ext;
        }
        public boolean accept(File file) {
        //首先判断该目录下的某个文件是否是目录，如果是目录则返回 true，即可
        //以显示在目录下
          if (file.isDirectory()){
           return true;
          }
          String fileName = file.getName();
          int index = fileName.lastIndexOf('.');
          if (index > 0 && index < fileName.length() - 1){
            String extension = fileName.substring(index +
1).toLowerCase();
            if (extension.equals(ext))
             return true;
          }
          return false;
        }
        public String getDescription() {
          if (ext.equals("xls")){
           return "Microsoft Excel 文件(*.xls)";
          }
          if(ext.equals("exe")){
           return "可执行文件(*.exe)";
          }
          return "";
        }
    }
}
```

该程序产生的输出如图 8-1-2 所示。

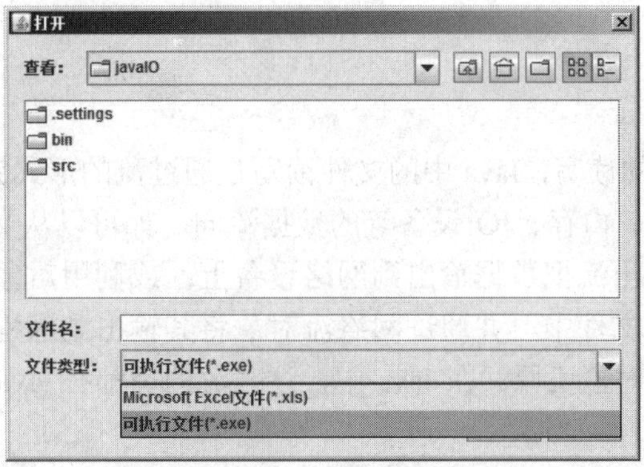
打开
查看：
javaIO
.settings
bin
src
文件名：
文件类型：
可执行文件(*.exe)
Microsoft Excel文件(*.xls)
可执行文件(*.exe)

图 8-1-2　运行结果

注　意

File 对象代表的可能是文件也可能是文件夹；File 不涉及文件读写操作；　File 对象垃圾收集不会删除磁盘文件。

巩固训练：文件目录管理程序设计

1. 实训目的

◎　掌握文件类的常用方法；

◎　了解 Java 的目录管理方法；

◎　了解 Java 的 java.io 包。

2. 实训内容

在 C:\test 文件夹下创建一个文件 example.txt，然后列出该文件的绝对路径、上一级目录以及该文件的最后修改时间和文件大小。

任务 8.2　为 Java 源程序添加行号

任务描述 ☞

编写一个程序将源文件另存为其他的文件，并为每一行代码在前面添加行号。

运行结果如图 8-2-1 所示。

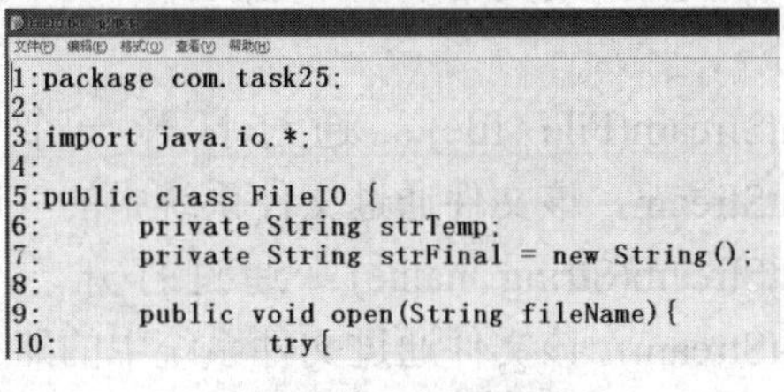
1:package com.task25;
2:
3:import java.io.*;
4:
5:public class FileIO {
6:        private String strTemp;
7:        private String strFinal = new String();
8:
9:        public void open(String fileName){
10:              try{

图 8-2-1　运行结果

8.2.1 流的概念

File 类不负责文件的读写，Java 中的文件读写是通过流的形式完成的。通过流，使我们能自由地控制包括文件、内存、IO 设备等的数据流向，如可以从文件输入流中获取数据，经处理后再通过网络输出流把数据输出到网络设备上；或利用对象输出流把一个程序中的对象输出到一个格式流文件中，并通过网络流对象将其输出到远程机器上，然后在远程机器上利用对象输入流将对象还原。在 Java 中，这些流的类都在 java.io 包中。

8.2.2 流的分类

流在 Java 中是指计算机中流动的缓冲区。从外部设备流向中央处理器的数据流成为"输入流"，反之成为输出流。java.io 包提供处理不同类型的流类，有字节流、字符流、文件流和对象流等。其中，字节流类名以 Stream 结尾，字符流类名以 Reader 或 Writer 结尾；按数据流动的方向分为输入流(来源流)和输出流(接收流)，输入流类名以 In 开始，输出流类名以 Out 开始。

8.2.3 字节流

InputStream 和 OutputStream 是字节流的两个顶层父类，提供了输入流类与输出流类的通用 API。字节输入流都是 InputStream 的子类，字节输出流都是 OutputStream 的子类。

1. InputStream 类

InputStream 是抽象类，所有字节输入流类都直接或间接地继承此类。InputStream 类的常用方法如下。

◎ int available()：返回此输入流方法的下一个调用方可以不受阻塞地从此输入流读取(或跳过)的字节数。

◎ void close()：关闭此输入流并释放与该流关联的所有系统资源。

◎ abstract int read()：从输入流中读取下一个数据字节。

◎ int read(byte[] b)：从输入流中读取一定数量的字节并将其存储在缓冲区数组 b 中。

◎ int read(byte[] b, int off, int len)：将输入流中最多 len 个数据字节读入字节数组。

◎ long skip(long n)：跳过和放弃此输入流中的 n 个数据字节。

InputStream 类的体系结构如图 8-2-2 所示。

字节输入流类很多，这里重点介绍 FileInputStream、BufferedInputStream 和 DataInputStream。

(1) FileInputStream：此类用于从本地文件系统中读取文件内容。

构造方法如下。

◎ FileInputStream(File file)：通过打开一个到实际文件的连接来创建一个 FileInputStream，该文件通过文件系统中的 File 对象 file 指定。

◎ FileInputStream(String name)：通过打开一个到实际文件的连接来创建一个 FileInputStream，该文件通过文件系统中的路径名 name 指定。

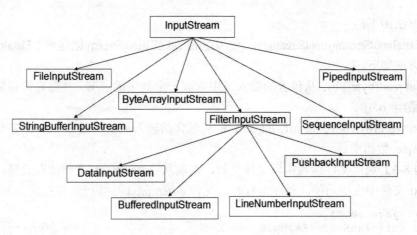

图 8-2-2　InputStream 类体系结构图

常用方法如下。

◎　int available()：返回下一次对此输入流调用的方法可以不受阻塞地从此输入流读取(或跳过)的估计剩余字节数。

◎　void close()：关闭此文件输入流并释放与此流有关的所有系统资源。

◎　FileDescriptor getFD()：返回表示到文件系统中实际文件连接的 FileDescriptor 对象，该文件系统正被此 FileInputStream 使用。

◎　int read()：从此输入流中读取一个数据字节。

◎　int read(byte[] b)：从此输入流中将最多 b.length 个字节的数据读入一个 byte 数组中。

◎　int read(byte[] b, int off, int len)：从此输入流中将最多 len 个字节的数据读入一个 byte 数组中。

◎　long skip(long n)：从输入流中跳过并丢弃 n 个字节的数据。

(2) BufferedInputStream：此类本身带有一个缓冲区，在读取时，数据先放到缓冲区中，可以减少对数据源的访问，提高运行的效率。

构造方法如下。

◎　BufferedInputStream(InputStream in)：创建一个 BufferedInputStream 并保存其参数，即输入流 in，以便将来使用。

◎　BufferedInputStream(InputStream in, int size)：创建具有指定缓冲区大小的 BufferedInputStream 并保存其参数，即输入流 in，以便将来使用。

常用方法如下。

◎　int available()：返回可以从此输入流读取(或跳过)且不受此输入流接下来的方法调用阻塞的估计字节数。

◎　void close()：关闭此输入流并释放与该流关联的所有系统资源。

◎　int read()：从输入流中读取数据的下一个字节。

◎　int read(byte[] b, int off, int len)：从此字节输入流中给定偏移量处开始将各字节读取到指定的 byte 数组中，最多读取 len 个字节。

(3) DataInputStream：此类提供一些基于多字节的读取方法，从而可以读取基本数据类型的数据。

构造方法如下。

◎ DataInputStream(InputStream in)：使用指定的底层 InputStream 创建一个 DataInputStream。

常用方法如下。

◎ int read(byte[] b)：从包含的输入流中读取一定数量的字节，并将它们存储到缓冲区数组 b 中。

◎ int read(byte[] b, int off, int len) ：从包含的输入流中将最多 len 个字节读入一个 byte 数组中。

【实例 8-5】通过文件读写实现文件复制，实现从 c:/temp.txt 文件读取数据，并写入到 c:/temp1.txt 文件中去的功能。程序运行时，文件 c:/temp.txt 必须已经存在。

```
import java.io.*;
class BufferedReaderExample
{
    public static void main(String args[]) throws IOException
    {
        BufferedReader d = new BufferedReader
            (new InputStreamReader(new FileInputStream("c:/temp.txt")));
        DataOutputStream o = new DataOutputStream
            (new FileOutputStream("c:/temp1.txt"));
        String line;
        while( (line=d.readLine()) != null){
        String a = line.toUpperCase();
        System.out.println(a);
        o.writeBytes(a+"\r\n");
        }
        d.close();
        o.close();
        System.out.println("程序结束");
    }
}
```

该程序产生的输出如下：

```
HELLO WORLD!
SNOW MAN!
IT'S CHRISTMAS EVE,LET'S PRAY!
程序结束
```

 注 意

FileInputStream 是输入节点流，指向文件 c:/temp.txt；InputStreamReader 是处理流，实现了字节流到字符流的转换；BufferedReader 是处理流，实现了带缓冲区读。以上几个流连接在一起构成了输入流链，实现了文件 c:/temp.txt 数据到程序(line 变量)的流动。

2. OutputStream 字节流

OutputStream 是抽象类，所有字节输出流类都直接或间接地继承此类。OutputStream 的子类必须始终提供至少一种可写入一个输出字节的方法。OutputStream 类的体系结构如图 8-2-3 所示。

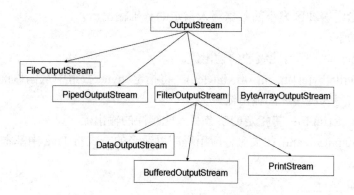

图 8-2-3　OutputStream 类体系结构图

OutputStream 的常用方法如下。

◎　void close()：关闭此输出流并释放与此流有关的所有系统资源。

◎　void flush()：刷新此输出流并强制写出所有缓冲的输出字节。

◎　void write(byte[] b) ：将 b.length 个字节从指定的字节数组写入此输出流。

◎　void write(byte[] b, int off, int len) ：将指定字节数组中从偏移量 off 开始的 len 个
字节写入此输出流。

◎　abstract　void write(int b)：将指定的字节写入此输出流。

字节输出流类很多，这里重点介绍如下 3 种。

(1)　FileOutputStream：此类用于从本地文件系统的文件中写入数据。

构造方法如下。

◎　FileOutputStream(File file)：创建一个向指定 File 对象表示的文件中写入数据的文
件输出流。

◎　FileOutputStream(String name)：创建一个向具有指定名称的文件中写入数据的输出
文件流。

常用方法如下。

◎　void close()：关闭此文件输出流并释放与此流有关的所有系统资源。

◎　protected void finalize()：清理到文件的连接，并确保在不再引用此文件输出流时调
用此流的 close 方法。

◎　FileDescriptor getFD()：返回与此流有关的文件描述符。

◎　void write(byte[] b)：将 b.length 个字节从指定 byte 数组写入此文件输出流中。

◎　void write(byte[] b, int off, int len)：将指定 byte 数组中从偏移量 off 开始的 len 个字
节写入此文件输出流。

◎　void write(int b)：将指定字节写入此文件输出流。

(2)　BufferedOutputStream：此类本身带有一个缓冲区，在写数据时，先放到缓冲区中，
实现缓冲的数据流。

构造方法如下。

◎　BufferedOutputStream(OutputStream out)：创建一个新的缓冲输出流，以将数据写
入指定的基础输出流。

◎　BufferedOutputStream(OutputStream out, int size)：创建一个新的缓冲输出流，以将

具有指定缓冲区大小的数据写入指定的基础输出流。

常用方法如下。

◎ void flush()：刷新此缓冲的输出流。

◎ void write(byte[] b, int off, int len)：将指定 byte 数组中从偏移量 off 开始的 len 个字节写入此缓冲的输出流。

◎ void write(int b)：将指定的字节写入此缓冲的输出流。

(3) DataOutputStream：此类允许应用程序以适当的方式将 Java 中基本数据类型写入输出流中。

构造方法如下。

DataOutputStream(OutputStream out)：创建一个新的数据输出流，将数据写入指定基础输出流。

常用方法如下。

◎ void flush()：清空此数据输出流。

◎ int size()：返回计数器 written 的当前值，即到目前为止写入此数据输出流的字节数。

◎ void write(byte[] b, int off, int len)：将指定 byte 数组中从偏移量 off 开始的 len 个字节写入基础输出流。

◎ void write(int b)：将指定字节(参数 b 的八个低位)写入基础输出流。

◎ void writeBoolean(boolean v)：将一个 boolean 值以 1-byte 值形式写入基础输出流。

◎ void writeByte(int v)：将一个 byte 值以 1-byte 值形式写出到基础输出流中。

◎ void writeBytes(String s)：将字符串按字节顺序写出到基础输出流中。

◎ void writeChar(int v)：将一个 char 值以 2-byte 值形式写入基础输出流中，先写入高字节。

◎ void writeChars(String s)：将字符串按字符顺序写入基础输出流。

◎ void writeFloat(float v)：使用 Float 类中的 floatToIntBits 方法将 float 参数转换为一个 int 值，然后将该 int 值以 4-byte 值形式写入基础输出流中，先写入高字节。

◎ void writeInt(int v)：将一个 int 值以 4-byte 值形式写入基础输出流中，先写入高字节。

【实例 8-6】将用户输入保存到文件中。其功能是：从控制台输入 50 个字节的数据，输出到 C 盘 write.txt 文件中，读取 write.txt 文件中的内容，输出到调试窗口中。

```java
import java.io.*;
class ReadWriteFile{
    public static byte[] getInput() throws Exception{
        byte inp[] = new byte[50];
        System.out.println("输入文本");
        System.out.println("只有 50 个字节");
        System.out.println("每行结束时按下回车键");
        for(int i=0; i<50; i++){
            inp[i] = (byte)System.in.read();
        }
        return inp;
    }
    public static void main(String args[]) throws Exception{
```

```
        byte input[] = getInput();
        FileOutputStream f = new FileOutputStream("c:/write.txt");
        for(int i=0; i<50; i++){
            f.write(input[i]);
        }
        f.close();
        int size;
        FileInputStream f1 = new FileInputStream("c:/write.txt");
        size = f1.available();
        System.out.println("读取文件 write.txt ...");
        for(int i=0; i<size; i++){
            System.out.println((char)f1.read());
        }
        f1.close();
    System.out.println("程序结束");
    }
}
```

该程序产生的输出如下：

输入文本
只有 50 个字节
每行结束时按下回车键
hehehehe lalalala dududdu
dududu dududdududdududdudu
读取文件 write.txt ...
...
d
u
程序结束

8.2.4　字符流

Reader 和 Writer 是 java.io 包中的两个字符流类的顶层抽象父类，定义了在 I/O 流中读写字符数据的通用 API。在 Java 中，字符采用是 Unicode 字符编码。常见字符输入/输出流是由 Reader 和 Writer 抽象类派生出来的，处理数据时是以字符为基本单位的。

1. Reader 类

Reader 是读取字符类型，Reader 类的体系结构如图 8-2-4 所示。

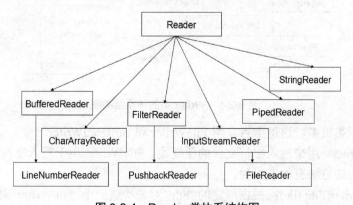

图 8-2-4　Reader 类体系结构图

字符输入流类很多，这里重点介绍 FileReader 和 BufferedReader。

(1) FileReader：用来读取字符文件的便捷类。此类的构造方法假定默认字符编码和默认字节缓冲区大小都是适当的，其构造方法有如下两种。

◎ FileReader(File file)：在给定从中读取数据的 File 的情况下创建一个新 FileReader。

◎ FileReader(String fileName)：在给定从中读取数据的文件名的情况下创建一个新 FileReader。

(2) BufferedReader 类是 Reader 类的子类，为 Reader 对象添加字符缓冲器，为数据输入分配内存存储空间，存取数据更为有效。

其构造方法有如下两种。

◎ BufferedReader(Reader in)：创建一个使用默认大小输入缓冲区的缓冲字符输入流。

◎ BufferedReader(Reader in, int sz)：创建一个使用指定大小输入缓冲区的缓冲字符输入流。

其操作方法如下。

◎ void close()：关闭该流并释放与之关联的所有资源。

◎ void mark(int readAheadLimit)：标记流中的当前位置。

◎ boolean markSupported()：判断此流是否支持 mark() 操作(它一定支持)。

◎ int read()：读取单个字符。

◎ int read(char[] cbuf, int off, int len)：将字符读入数组的某一部分。

◎ String readLine()：读取一个文本行。

◎ boolean ready()：判断此流是否已准备好被读取。

◎ void reset()：将流重置到最新的标记。

◎ long skip(long n)：跳过字符。

2. Writer 类

Writer 是写入字符类型，Writer 类的体系结构如图 8-2-5 所示。

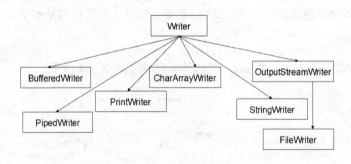

图 8-2-5 Writer 类的体系结构图

字符输出流类很多，这里重点介绍 FileWriter 和 BufferedWriter。

(1) FileWriter：用来写入字符文件的便捷类。FileWriter 用于写入字符流，且要写入原始字节流。其构造方法有如下两种。

◎ FileWriter(File file)：根据给定的 File 对象构造一个 FileWriter 对象。

◎ FileWriter(String fileName)：根据给定的文件名构造一个 FileWriter 对象。

(2)　BufferedWriter：将文本写入字符输出流，缓冲各个字符，从而提供单个字符、数组和字符串的高效写入。可以指定缓冲区的大小，或者接受默认的大小。在大多数情况下，默认值就足够大了。除非要求提示输出，否则建议用 BufferedWriter 包装所有其 write() 操作可能开销很高的 Writer。

其构造方法有如下两种。

◎　BufferedWriter(Writer out)：创建一个使用默认大小输出缓冲区的缓冲字符输出流。

◎　BufferedWriter(Writer out, int sz)：创建一个使用给定大小输出缓冲区的新缓冲字符输出流。

BufferedWriter 常用方法如下。

◎　void close()：关闭此流，但要先刷新它。

◎　void flush()：刷新该流的缓冲。

◎　void newLine()：写入一个行分隔符。

◎　void write(char[] cbuf, int off, int len)：写入字符数组的某一部分。

◎　void write(int c)：写入单个字符。

◎　void write(String s, int off, int len)：写入字符串的某一部分。

【实例 8-7】带缓冲的字符流使用示例。

```java
import java.io.*;
class ReaderWriter
{
    public static void main(String args[]){
        try{
            BufferedReader in = new BufferedReader(new FileReader(args[0]));
            String s, s1 = new String();
            while( (s=in.readLine()) != null){
                s1 += s + "\n";
            }
            in.close();
            BufferedReader stdin = new BufferedReader
                            (new InputStreamReader(System.in));
    System.out.println("BufferedReader 和 InputStreamReader 的用法...");
            System.out.println("输入一行");
            System.out.println(stdin.readLine());
            StringReader in2 = new StringReader(s1);
            int c;
            System.out.println("输入文件的单个字符"+args[0]);
            while( (c=in2.read()) != -1){
                System.out.println((char)c);
            }
            BufferedReader in4 = new BufferedReader(new StringReader(s1));
            PrintWriter p = new PrintWriter
                    (new BufferedWriter(new FileWriter("demo.out")));
            while( (s=in4.readLine()) != null){
                p.println("输出"+s);
            }
            p.close();
        }
        catch(Exception e){}
    }
}
```

8.2.5 实践操作：Java 源程序行号添加程序设计

1. 实施思路

使用 BufferedReader 从文件中逐行读入 Java 源文件中的代码，在每行代码前加上行号后，使用 PrintWriter 逐行将代码写入新文件。

01 定义类 InsertLineNumber。

02 编写 open 方法，将源代码文件内容读入字符串 strFinal 对象中。

03 编写 saveAs 方法，从 strFinal 对象中逐行读出代码，增加行号并写入新文件中。

04 在 main 方法中创建 InsertLineNumber 类对象，调用 open、saveAs 方法。

2. 程序代码

```
import java.io.*;
public class InsertLineNumber {
    private String strTemp;
    private String strFinal = new String();
        public void open(String fileName){
        try{
            BufferedReader in = new BufferedReader
                (new FileReader(fileName));
            while((strTemp = in.readLine())!= null){
                strFinal = strFinal + strTemp + "\n";
            }
            in.close();
        }
        catch(IOException e){
            System.out.println(e);
        }
    }
    public void saveAs(String fileName){
        try{
            BufferedReader in = new BufferedReader
                        (new StringReader(strFinal));
            PrintWriter out = new PrintWriter
                    (new BufferedWriter(new FileWriter(fileName)));
            int lineCount = 1;
            while((strTemp = in.readLine())!= null){
                out.println(lineCount++ + ":" + strTemp);
            }
            in.close();
            out.close();
        }
        catch(IOException e){
            System.out.println(e);
        }
    }
    public static void main(String args[]) throws IOException{
        InsertLineNumber obj = new InsertLineNumber();

        obj.open("E:/EclipseWorkspace/task1/src/com/task25/FileIO.java");
        obj.saveAs("d:\\FileIO.txt");
    }
}
```

知识拓展

对象流

对象流 ObjectInputStream 和 ObjectOutputStream 可以将 Java 对象输入、输出，例如将对象保存到文件，实现对象数据的持久化。ObjectInputStream 主要方法 Object readObject() 负责读入一个对象，读入后类型为 Object，需要通过强制类型转换恢复原类型。ObjectOutputStream 主要方法 void writeObject(Object obj)负责写出一个对象。注意读写对象必须是序列化的，实现 Serializable 接口(Java 大多数类都是如此)。

【实例 8-8】对象流示例。

本实例 ObjectStreamDemo.java 演示了将 Date 类的对象写出到文件再从文件读入的方法。第一次运行时，因为文件不存在会出现异常；第二次运行时，显示上次和本次程序运行的时间。

```java
import java.io.*;
import java.util.*;
public class ObjectStreamDemo {
    public static void main(String[] args) {
        try{
            ObjectInputStream pin = new ObjectInputStream
                            (new FileInputStream("c:/date.txt"));
            Date dlast = (Date)pin.readObject();
            pin.close();
            System.out.println("上次运行时间为: " + dlast);
        }
        catch(Exception exp){
            System.out.println(exp);
        }
        Date dnow = new Date();
        System.out.println("本次运行时间为: " + dnow);
        try{
            ObjectOutputStream pout = new ObjectOutputStream
                            (new FileOutputStream("c:/date.txt"));
            pout.writeObject(dnow);
            pout.close();
        }
        catch(Exception exp){
            System.out.println(exp);
        }
    }
}
```

该程序产生的输出如下：

```
上次运行时间为: Tue Jan 08 01:37:50 CST 2022
本次运行时间为: Tue Jan 08 01:37:52 CST 2022
```

巩固训练：随机访问文本

1. 实训目的

◎ 了解随机文件访问方式的含义；

◎ 掌握随机访问文本的方法；

◎ 掌握 RandomAccessFile 类的常用方法。

2. 实训内容

编写一个程序，把几个 int 型整数写入到一个名为 tom.dat 的文件中，然后按相反顺序读出这些数据。

────────── **单元小结** ──────────

Java 语言功能强大，可以编写文件管理程序、网络访问程序、多线程音乐和动画播放等程序。本单元主要介绍了 Java 语言的高级特性之文件管理及流的概念。

────────── **单元习题** ──────────

一、选择题

1. File 类不能完成(　　)。

    A. 获取文件名称　　　B. 删除文件　　　　C. 重命名文件　　　D. 读写文件

2. 不属于 Java 输入输出流分类的是(　　)。

    A. 字节流　　　　　　B. 字符流　　　　　C. 随机流　　　　　D. 节点流

3. 以下哪个类可以作为 FilterInputStream 类的构造方法的参数? (　　)

    A. File　　　　　　　　　　　　　　B. FileInputStream

    C. RandomAccessFile　　　　　　　D. InputStream

4. 实现字符流的写操作类是(　　)。

    A. FileReader　　　B. Writer　　　　C. FileInputStream　　D. FileOutputStream

5. 要从 file.dat 文件中读出第 10 个字节到变量 c 中，下列哪个方法适合? (　　)

    A. FileInputStream in=new FileInputStream("file.dat"); int c=in.read();

    B. RandomAccessFile in=new RandomAccessFile("file.dat"); in.skip(9); int c=in.readByte();

    C. FileInputStream in=new FileInputStream("file.dat"); in.skip(9); int c=in.read();

    D. FileInputStream in=new FileInputStream("file.dat"); in.skip(10); int c=in.read();

二、填空题

1. Java 中的 IO 流分为两种，一种是_____，另一种是_____，分别由四个抽象类来表示(每种流包括输入和输出两种，所以一共四个)：InputStream，OutputStream，Reader，Writer。它们通过重载 read()和 write()方法定义了 6 个读写操作方法。

2. 目录是一个包含其他文件和路径列表的 File 类。当你创建一个_____且它是目录时，isDirectory( )方法返回 ture。这种情况下，可以调用该对象的 list( )方法来提取该目录内部其他文件和目录的列表。

三、简答题

1. 简要回答 File 类和 JFileChooser 类的作用和使用方式。

2. FileInputStream 流的 read()方法和 FileReader 流的 read()方法有何不同？

3. Java 中有几种类型的流？JDK 为每种类型的流提供了一些抽象类以供继承，请说出它们分别是哪些类？

四、编程题

1. 编写程序，允许用户通过对话框将选中文件复制到指定位置。

2. 编写简单的记事本程序，允许用户编辑、查看和保存文本文件。

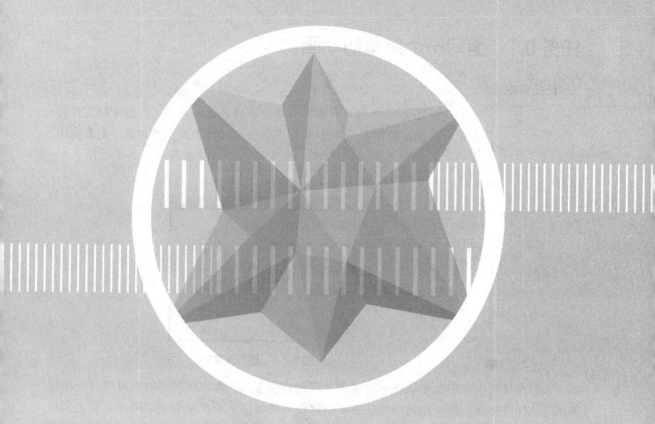

单元 9

高级程序设计——线程与动画

学习目标 ☞

1. 掌握线程的概念以及线程与进程的区别

2. 理解线程的状态和生命周期

3. 掌握多线程的实现方法

4. 通过继承 Thread 类或实现 Runnable 接口实现多线程

5. 掌握多线程互斥关系的产生原因

6. 掌握使用同步技术解决互斥的实现方法

7. 熟悉多线程的实现方法和应用

任务 9.1 编写一个简单的动画

任务描述

　　运用 Java 多线程技术编写一个简单的动画，要求运行程序时窗口会显示一个飘动的字幕，每隔 1 秒字幕会自动改变显示的位置，先自左向右移动，到达窗口右边界时，再改变为自右向左移动。其运行结果如图 9-1-1 所示。

图 9-1-1　运行结果

　　人们在日常生活中做多项任务时通常有两种处理方式：可以在同一时刻只进行一项任务，等此任务完成后再开始另一个任务，不同任务在时间上有严格的先后顺序，称之为串行(顺序)处理方式；也可以在同一时刻处理多个任务，不同任务在时间上没有严格的先后顺序，称之为并行处理方式，例如，一边听音乐一边打扫房间；使用计算机一边浏览网页，一边打印文档，一边压缩文件等。

　　计算机可以模拟和解决人们现实生活中问题，因此使用编程语言描述现实世界同样需要串、并行共存。计算机中的并行处理即同时处理多个任务，一般叫"多任务"。多任务处理方式的优点是充分利用CPU资源，提高效率。含有多个CPU的计算机可将不同任务分配到不同 CPU 实现并行处理；单 CPU 则靠快速切换任务来模拟并行处理，使系统的空转时间最少，如图 9-1-2 所示。

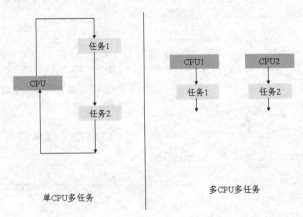

图 9-1-2　单 CPU 与多 CPU 多任务实现方式示意图

9.1.1 线程与进程的概念和关系

线程与进程的概念和关系

1. 线程与进程的概念

在编写线程程序之前，需要先了解几个相关概念。程序(Program)是为实现特定目标或解决特定问题而用计算机语言编写的命令序列的集合。进程(Process)是程序关于某个数据集合上的一次运行活动，对应从代码加载、执行至执行完毕的一个完整过程，是系统进行资源分配和调度的一个独立单位。线程(Thread)是进程的一个实体，是CPU调度和分派的基本单位，是比进程更小的能独立运行的基本单位。

2. 线程与进程的关系

一个线程只能属于一个进程，而一个进程可以有多个线程，但至少有一个线程。操作系统把资源分配给进程，而同一进程的所有线程共享该进程的所有资源。由于多个线程共享同一资源集，所以线程在执行过程中需要协作同步。线程是指进程内的一个执行单元，也是进程内的可调度实体。进程和线程的关系可以比喻成：当打开一个 Word 程序编写一个工作计划文件，就执行了一个程序的一个进程；而当执行这个文件的打印工作时，就调用了 Word 中的一个线程。

线程与进程虽然有密切的关系，但也要清楚分清它们的关系。线程是 CPU 调度和分配的基本单位，而进程是拥有资源的基本单位。进程是拥有资源的一个独立单位，线程不拥有系统资源，但可以访问隶属于进程的资源。在创建或撤销进程的时候，由于系统都要为之分配和回收资源，导致系统开销增加；而线程的切换则不需要很多的系统开销。线程只有自己的堆栈和局部变量，但线程之间没有单独的地址空间，一个线程死掉就等于整个进程死掉，所以多进程的程序要比多线程的程序健壮。二者关系如图 9-1-3 所示。

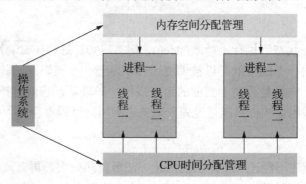

图 9-1-3　进程与线程关系示意图

9.1.2 线程的生命周期

在每一个 Java 的 Application(应用)程序中只存在一个默认的主线程，即每个程序只有一条执行线路，这个默认的主线程就是 main()方法的执行顺序。若想自己定义线程，就必须要在主线程中使用 Thread 相关类进行定义。每一个线程都要经历一个从出现到死亡的过程，我们把这个过程称之为生命周期。线程的生命周期包括 4 种状态：New(新生)、Runnable(可运行)、Blocked(被阻塞)和 Dead(死亡)，如图 9-1-4 所示。

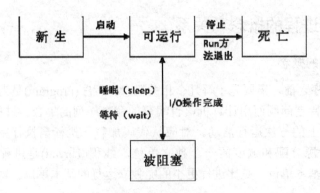

图 9-1-4　生命周期运行图

1. 新生状态

当使用 new 操作符创建一个新的线程时，线程并不是马上运行，此时线程处在新生(new)状态。当一个线程处于新生状态时，程序还没有开始运行线程中的代码。

2. 可运行状态

当处于新生状态的线程调用了 start 方法后，该线程就成为可运行(Runnable)了。一个可运行线程可能是一个正在运行的状态，也可能不是，这取决于操作系统为该线程提供的运行时间。不过 Java 规范中并没有把运行单独作为一个状态，也就是说一个正在运行的线程仍然是处于可运行状态的。一旦线程开始运行，它不一定始终保持运行，线程可能在运行过程中被中断。线程的调度取决于操作系统所提供的服务，例如使用抢占式调度的系统给每个可以运行的线程一个时间片段来处理任务，当时间片用完后，操作系统会剥夺该线程对资源的占用，在参考线程优先级的情况下选择下一个线程进行处理。

3. 被阻塞状态

当线程在可运行状态下执行了睡眠(sleep)、阻塞 I/O、等待(wait)等操作后，线程就进入了被阻塞状态，另一个线程就可以被调度运行了。当一个被阻塞的线程重新被激活时，调度器会检查它的优先级是否高于当前的运行线程，如果是，它就会抢占当前线程的资源并开始运行。一个被阻塞线程只能通过先前阻塞它的相同过程重新进入可运行状态。

4. 死亡状态

线程在可运行状态下经过一个正常的 run 方法后自然死亡。再有就是可以使用 stop 方法来中止一个线程，同时抛出一个 ThreadDeath 错误对象。

9.1.3　线程的创建

1. Thread 类简介

Thread 类是 Java 提供的创建线程的核心类，存在于 java.lang 包中，它综合了一个线程所需的属性和方法，可以使用该类进行线程的创建、线程的常用操作以及设置线程优先级等。下面介绍常用的方法。

◎　public Thread()：创建一个新的线程对象。

- ◎ public Thread(String name)：创建一个名字为 name 的新线程对象。
- ◎ public Thread(Runnable target, String name)：在现有的 target 对象基础上创建一个名字为 name 的线程对象，新的对象实际上是把 target 作为了运行对象。
- ◎ public static void sleep(long mills)：使正在运行的线程休眠 mills 秒后再运行。
- ◎ public final getPriority()：获得线程的优先级。
- ◎ public final setPriority(int priority)：设置线程的优先级。
- ◎ public void start()：启动线程。如果能获得 CUP 的使用权，就会自动调用 run() 方法。
- ◎ public void run()：这是 Thread 线程类中最重要的方法，是线程执行的起点，线程具体的操作都要编写在此方法中。
- ◎ public final boolean isAlive()：判断线程是否在活动，如果是返回 true，否则返回 false。

2. Runnable 接口

Java 不支持多继承，一旦一个类继承了 Thread 类，就不能再继承其他的类。若想让其他的类支持多线程，那么还可以让这个类实现 Runnable 接口。Runnable 接口位于 java.lang 包中，只提供了一个run()方法，该方法与 Thread 类中的run()方法作用一样，线程执行的具体操作都要写在此方法中。

3. 使用 Thread 类创建线程

若要创建一个具有线程功能的类，则需要通过继承 Thread 类来实现多线程。首先设计 Thread 的子类，然后根据工作需要重新设计线程中的 run 方法(方法的重写)，再使用 start 方法启动线程，将执行权转交给 run()方法。

【实例 9-1】下面演示使用 Thread 类来创建线程并启动线程，要求在线程中每隔 1 秒钟打印一行数据。

```
public class ThreadEx extends Thread {  //继承 Thread 类
    public ThreadEx(String name){//带名字的构造方法
        super(name);
    }
     //重写 run()方法，编写代码
public void run(){
    System.out.println(this.getName()+"  打印信息");
try{
    Thread.sleep(1000);//让线程休眠 1 秒钟，并抛出异常
        }catch(Exception ex){
        ex.printStackTrace();
        }
    }
public class Main {
public static void main(String args[]){
    //创建线程对象
    ThreadEx thread1=new ThreadEx("线程 1");
    ThreadEx thread2=new ThreadEx("线程 2");
    //启动线程
    thread1.start();
    thread2.start();
```

```
        }
    }
```

程序运行结果如下:

```
线程 1  打印信息
线程 1  打印信息
线程 2  打印信息
线程 1  打印信息
线程 2  打印信息
...
```

由于线程没有设置优先级,获得 CPU 使用权的机会是平等的,所以在运行结果中两个线程有先有后。

注 意

这个程序的运行结果在不同机器上是不一样的,到底什么时候使用线程 1,什么时候使用线程 2,是由操作系统的线程处理机制控制的。并且这个运行不会结束,只有强行关掉应用程序线程才会关闭。因此在写 run()方法时,一定要在里面加入结束判断语句,可以是有限次的循环,也可以是对某个界限的判断。

线程可以通过 setPriority(int priority)方法来设置线程的优先级,优先级的改变可以影响 CPU 调用线程的顺序。优先级是一个 1~10 的数,默认值设置为 5。Thread 类中包含了 3个静态常量:

◎ public static final int NORM_PRIORITY=5
◎ public static final int MIN_PRIORITY=1
◎ public static final int MAX_PRIORITY=10

【实例 9-2】在上例中加入线程优先级设置,要求线程 1 的优先级最高,线程 2 的优先级最低。

```java
public class ThreadEx extends Thread {   //继承 Thread 类
    public ThreadEx(String name,int priority){//带名字的构造方法
        super(name);
        this.setPriority(priority);
    }
    public void run(){
    //与上例一样
    }
    public class Main {
    public static void main(String args[]){
    //创建线程对象,并设置优先级
    ThreadEx thread1=new ThreadEx("线程 1",Thread.MAX_PRIORITY);
    ThreadEx thread2=new ThreadEx("线程 2", Thread.MIN_PRIORITY);
    //启动线程
    thread1.start();
    thread2.start();
    }
}
```

程序运行结果如下：

线程 1　打印信息
线程 2　打印信息
线程 1　打印信息
线程 2　打印信息
线程 1　打印信息
线程 2　打印信息
…

由于线程 1 的优先级高于线程 2 的优先级，所以每次线程 1 运行完毕后，线程 2 才可以获得 CPU 的使用权去运行。

4. 使用 Runnable 接口创建线程

在 Java 语言中创建线程，除了使用 Thread 直接创建外，还可以使用 Runnable 接口来完成线程的创建。首先需要实现 Runnable 接口；然后实现接口中的 run()方法；紧接着创建一个线程对象，并将对象作为参数传递给 Thread 类的构造方法，从而生成一个 Thread 类；最后调用 start()方法启动线程。

【实例 9-3】下面演示使用 Runnable 接口创建线程并启动线程，要求在线程中每隔 1 秒打印一行数据。

```java
public class RunnableEx implements Runnable {  //实现 Runnable 接口
    public String name;
    public RunnableEx (String name){//带名字的构造方法
      this.name=name;
    }
    //重写 run()方法，编写代码
    public void run(){
        System.out.println(name+"打印信息");
    try{
        Thread.sleep(1000);//让线程休眠 1 秒，并抛出异常
    }catch(Exception ex){
        ex.printStackTrace();
    }
}
public class Main {
    public static void main(String args[]){
        //创建线程目标对象
        RunnableEx re1=new RunnableEx ("线程 1");
        RunnableEx re2=new RunnableEx ("线程 2");
        //创建线程对象
        Thread t1=new Thread(re1);
        Thread t2=new Thread(re2);
        //启动线程
        t1.start();
        t2.start();
    }
}
```

9.1.4　实践操作：运用 Java 多线程技术编写一个简单的动画

1. 实施思路

在窗口中，通过 JLabel 显示一行文字，通过启动一个线程，在线程中每隔一秒改变一次 JLabel 对象的位置，可实现字幕飘动的动画效果。

01 创建一个主类 MovingText，继承 JFrame，实现 Runnable 接口；

02 在主类 MovingText 构造方法中创建 JLabel 对象，创建线程对象并启动线程；

03 实现 Runnable 的 run 方法，用 sleep 方法休眠一秒，修改 JLabel 对象位置；

04 在 main 方法中实例化 MovingText。

2. 程序代码

```java
import java.awt.*;
import javax.swing.JFrame;
public class MovingText extends JFrame implements Runnable {
    Label m_label;
    int i = 0;
    boolean bRight = true;
    public MovingText() {
        Container con = getContentPane();
        con.setLayout(null);
        m_label = new Label("多线程可实现动画效果");
        m_label.setBounds(10, 100, 150, 50);
        con.add(m_label, "Center");
        //设置窗体的标题、大小、可见性及关闭动作
        setTitle("飘动的字幕");
        setSize(340, 260);
        setVisible(true);
        setDefaultCloseOperation(JFrame.EXIT_ON_CLOSE);
        //创建和启动线程
        Thread td = new Thread(this);
        td.start();
    }
    public static void main(String[] args) {
        MovingText fr = new MovingText();
    }
    public void run() {
        try {
            Thread t = Thread.currentThread();
            System.out.println("当前线程是: " + t);
            while (true) {
                Thread.sleep(1000);
                m_label.setBounds(10 + i * 10, 100, 150, 50);
                if (i > 20)
                    bRight = false;
                if (i < 0)
                    bRight = true;
                if (bRight)
                    i++;
                else
                    i--;
            }
        } catch (Exception e) {
        }
    }
}
```

知识拓展

创建线程的方法对比

创建线程有两种办法，那么是选择继承 Thread 还是实现 Runnable 接口？其实 Thread 也是实现 Runnable 接口的：

```
class Thread implements Runnable {
    //...
    public void run() {
        if (target != null) {
            target.run();
        }
    }
}
```

其实 Thread 中的 run 方法调用的是 Runnable 接口的 run 方法。如果一个类继承 Thread，则不适合资源共享。但是如果实现了 Runnable 接口的话，则很容易实现资源共享。实现 Runnable 接口比继承 Thread 类具有如下的优势：

(1) 适合多个相同程序代码的线程去处理同一个资源；

(2) 可以避免 Java 中的单继承的限制；

(3) 增加程序的健壮性，代码可以被多个线程共享，代码和数据独立。所以，建议大家尽量实现接口。

main 方法其实也是一个线程。在 Java 中所有的线程都是同时启动的，至于什么时候执行，哪个先执行，完全看谁先得到 CPU 的资源。在 Java 中，每次程序运行至少启动两个线程。一个是 main 线程，一个是垃圾收集线程。因为每当使用 Java 命令执行一个类的时候，实际上都会启动一个 JVM，每一个 JVM 实际上就是在操作系统中启动了一个进程。主线程有可能在子线程结束之前结束，子线程不受影响，不会因为主线程的结束而结束。在 Java 程序中，只要前台有一个线程在运行，整个 Java 程序进程就不会消失，所以此时可以设置一个后台线程，这样即使 Java 进程消失了，此后台线程依然能够继续运行。

【实例 9-4】下面演示使用 setDaemon() 方法设置守护线程，从而满足主线程结束后此守护线程也不会结束。

```
public class DaemonTest implements Runnable { //后台线程
    int i = 0;
    public void run() {
        while (true) {
            System.out.println
                (Thread.currentThread().getName() + "在运行: " + i++);
        }
    }
    public static void main(String[] args) {
        DaemonTest he = new DaemonTest();
        Thread demo = new Thread(he, "线程");
        demo.setDaemon(true);
        demo.start();
        System.out.println("主线程结束");
    }
}
```

运行上面程序，你会发现主线程结束后，后台线程还会运行一段时间。setDaemon(boolean on)方法可将线程标记为守护线程或后台线程。当正在运行的线程都是守护线程时，Java 虚拟机退出。该方法必须在启动线程前调用。

巩固训练：编写一个电子时钟的应用程序

1. 实训目的

◎ 掌握创建线程的方法；
◎ 掌握启动线程的方法。

2. 实训内容

运用 Java 多线程技术，通过实现 Runnable 接口来编写一个电子时钟 RunnableClock 应用程序，运行程序时会显示系统的当前日期和时间，并且每隔 1 秒会自动刷新显示当前日期和时间。

任务 9.2 实现学生成绩读写

任务描述 ☞

学生成绩读写模拟。程序中有两个线程，一个负责写学生成绩数据，一个负责读取和显示学生成绩数据。一个学生有 20 门课的成绩，写线程写入的每门课的成绩都和其学号相同。如果读线程发现成绩和学号不一致的情况，则说明出现了共享数据读写不一致的问题，利用线程同步机制解决共享数据读写不一致的问题。其运行结果如图 9-2-1 所示。

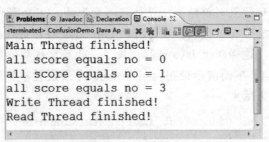

图 9-2-1 运行结果

上一个任务所提到的线程都是独立执行的，也就是说每一个线程都包含自己运行时所需要的资源，而不需要操作外部的资源，这样也就不会去关心其他线程对资源状态的改变。Java 规范中是允许多个线程之间共享数据的，当线程以异步方式访问共享数据时，不安全或是不可预知的问题将会出现。

9.2.1 多线程的共享互斥

由于线程是共享进程资源，因此会出现多线程同时操作同一资源，其中一个线程对资源的操作可能会改变资源状态，而该状态的改变又会影响另一个线程对该对象的操作结果。例如，在不同的窗口购买火车票，在只剩一张火车票的情况下，两个窗口同时进行了卖火车票操作，都会激发一个线程完成卖火车票操作，结果有可能是一个座位卖出了两张票。需要被同一进程的不同线程访问的数据称为线程共享数据。像这种在某一时刻只有一个线程可以操作某个资源的机制就叫作共享互斥。

【实例 9-5】 模拟父母在一个盘子中放入苹果，孩子在盘子中拿出苹果，演示多线程的互斥关系。

```java
//省略包的导入和创建
//定义一个盘子类，里面放有苹果变量
public class Plate{
    private int apple;
    public int getApple(){
        return apple;
    }
    public void putApple(int apple){
        this.apple=apple;
    }
}
//定义孩子线程，从盘子中拿苹果
public class Child extends Thread{
    private Plate plate;
    public Child(Plate plate){
        this.plate=plate;
    }
    public void run(){
        int value=0;
        for(int i=1;i<6;i++){
            value=plate.getApple();
            System.out.println("孩子从盘子里拿：第"+value+"个苹果");
            try{
                sleep((int)(Math.random()*100));
            }catch(Exception ex){
                ex.printStackTrace();
            }
        }
    }
}
//定义父母线程，向盘子里放苹果
public class Parents entends Thread{
    private Plate plate;
    public Parents(Plate plate){
        this.plate=plate;
    }
    public void run(){
        for(int i=1;i<6;i++){
            plate.putApple(i);
            System.out.println("父母向盘子里放：第"+i+"个苹果");
            try{
                sleep((int)(Math.random()*100));
            }catch(Exception ex){
                ex.printStackTrace();
            }
        }
    }
}
//定义测试类，完成线程创建和运行
public class Main{
```

```
    public static void main(String[] args){
        Plate p=new Plate();
        Parents parents=new Parents();
        Child child=new Child();
        parents.start();
        child.start();
    }
}
```

程序运行结果如下:

父母向盘子里放: 第 1 个苹果
孩子从盘子里拿: 第 1 个苹果
孩子从盘子里拿: 第 1 个苹果
父母向盘子里放: 第 2 个苹果
孩子从盘子里拿: 第 2 个苹果
父母向盘子里放: 第 3 个苹果
孩子从盘子里拿: 第 4 个苹果
...

在不同的计算机上运行该程序，结果有可能不同。但通过运行结果可以看出，父母刚刚放入第 3 个苹果，孩子则已经去拿第 4 个了，这显然是不合理的。因此上面两个线程就存在了互斥关系，任何一个线程对数据的操作都影响程序的结果。

9.2.2 使用线程同步解决共享互斥

对于互斥现象的出现，Java 中提供了同步的控制机制，当多个线程需要共享资源时，能够确定资源在某一时刻只能被一个线程占用。同步的方法使得第一个线程处理数据时，第二个线程不能访问数据；或当第一个线程处理完数据后，第二个线程才能访问数据。因此线程同步是多线程技术中的一个相当重要的部分。

在讲解同步技术前，应当先理解一下 Java 中锁的概念。Java 使用 synchronized 关键字来标记对象的"互斥锁"，从而保证在任何时刻只能有一个线程访问该对象。同时，Java 还提供了 wait()、notify()和 notifyAll()控制方法。

◎　public final void wait(): 使当前线程主动释放互斥锁，并进入该互斥锁的等待队列。

◎　public final void notify(): 唤醒 wait 队列中的第一个线程，并将该线程移入互斥锁申请队列中。

◎　public final void notifyAll(): 唤醒 wait 队列中的所有线程，并将线程移入互斥锁申请队列。

【实例 9-6】使用同步技术改进上例，解决拿苹果和放苹果过程中存在的互斥关系。

```
//省略包的导入和创建
//定义一个盘子类，里面放有苹果变量，对取苹果和放苹果方法进行同步设置
public class Plate{
    private int apple;
    private boolean available=false;
    public synchronized int getApple(){
        while(this.available==false){
            try{
                wait();
            }catch(Exception ex){
                ex.printStackTrace();
```

```
        }
    }
    this.available=false;
    notifyAll();
    return apple;
}
public synchronized void putApple(int apple){
    while(this.available==true){
        try{
            wait();
        }catch(Exception ex){
            ex.printStackTrace();
        }
    }
    this.apple=apple;
    this.available=true;
    notifyAll();
}
}
```

//其他的 3 个类没有变化，请参照前面例子

程序运行结果如下：

父母向盘子里放：第 1 个苹果
孩子从盘子里拿：第 1 个苹果
父母向盘子里放：第 2 个苹果
孩子从盘子里拿：第 2 个苹果
父母向盘子里放：第 3 个苹果
孩子从盘子里拿：第 3 个苹果
…

通过采用 synchronized 关键字和 wait()、notifyAll()方法可以使多线程之间实现资源同步，从而保证了数据的一致性和正确性。同时 synchronized 关键字不仅可以修饰方法，还可以修饰代码块。

注 意

程序如果有多个线程，线程执行的顺序是不可预测的，不要对此作出假设。多线程共享数据需要同步保护；程序退出时，要通知并妥善退出所有的线程。

9.2.3 实践操作：学生成绩读写程序设计

1. 实施思路

同步块和同步方法都可以解决共享数据保护的问题。如果代码都是自己写的，尽可能使用同步方法。如果调用别人写好的、自己无法修改的非同步方法，就只能将调用语句放在同步块中了。

01 定义 StudentScore 类，通过增加两个同步方法 readScore 和 writeScore 实现数据封装；

02 定义 WriteScore 和 ReadScore 线程类代码，通过调用同步方法 readScore 和

writeScore 实现数据读写；

03 运行程序，测试解决互斥的有效性。

2. 程序代码

```java
package unit5.thread.proect2;
//学生成绩
class StudentScore
{
    public static int MAX_NUM = 3;       //最大学号，退出条件
    private int[] score = new int[20];   //成绩
    private int no = 0;                  //学号
    public synchronized int getNo(){
    return no;
    }
    public synchronized void writeScore(int counter){
//获得 score 的监视器
        no = counter;
        for(int i=0;i<score.length;i++){
            try{
                Thread.sleep(20);
            }
            catch(Exception e){
                System.out.println("Write score "+ e);
            }
            score[i] = counter;
        }
    }
    public synchronized void readScore(){  //获得 score 的监视器
        int i = 0;
        for(i=0;i<score.length;i++){
            if(score[i] != no){
                System.out.print("no = "+ no + "; ");
                System.out.print("score["+i+"] = " + score[i] + "; ");
                System.out.println("");
                break;
            }
        }
        if(i == score.length){
            System.out.println("all score equals no = " + no);
        }
    }
}
public class WriteScore extends Thread
{
    StudentScore score;
    int counter = 1;
    WriteScore(StudentScore score){
        this.score = score;
    }
    public void run(){
        while(true){
            score.writeScore(counter);
            counter ++;
            if(counter > score.MAX_NUM){
                break;
            }
        }
        System.out.println("Write Thread finished!");
```

```
        }
    }
public class ReadScore extends Thread
{
    StudentScore score;
    ReadScore(StudentScore score){
        this.score = score;
    }
    public void run(){
        while(true){
            score.readScore();
            try{
                sleep(60);
            }
            catch(Exception e){
                System.out.println("Read score "+ e);
            }
            if(score.getNo() >= score.MAX_NUM){
                break;
            }
        }
        System.out.println("Read Thread finished!");
    }
}
public class ConfusionDemo {
    public static void main(String[] args) {
        StudentScore s = new StudentScore();
        WriteScore w = new WriteScore(s);
        w.setPriority(Thread.NORM_PRIORITY - 1);
        ReadScore r = new ReadScore(s);
        r.start();
        w.start();
        System.out.println("Main Thread finished!");
    }
}
```

■知识拓展

死锁现象

　　当多个线程竞争共享资源时，可以通过同步来保证资源的独占，但没有考虑一个线程已经占有某些资源后又要申请其他资源的情况。当一个线程需要一个资源而另一个线程持有该资源不释放时，就会发生死锁现象。例如，主线程一直在执行拿起筷子的操作，也就一直占有筷子资源，而 Eat 线程若想拿起筷子则永远完成不了，会无限等待下去，造成死锁，如图 9-2-2 所示。

　　死锁现象很难通过调试和测试发现，通常情况下它很难发生，一般是多个线程恰好偶然产生死锁，因此 Java 技术既不能发现死锁也不能避免死锁。预防和打破死锁现象要从死锁产生条件入手，如线程因某个条件没有满足而一直占有资源；多个线程需要互斥访问，线程要获得加锁顺序，并保证程序以相反的顺序释放锁。Java 从 JDK 5.0 版本开始就引入了 ReentrantLock 类来实现锁的功能(详细请见 JDK 5.0 文档)。

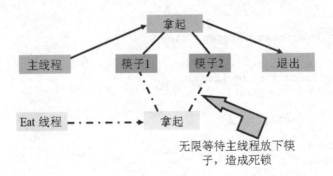

图 9-2-2　死锁原理示意图

巩固训练：仓库的进货与销售同步控制的程序设计

1. 实训目的

◎　掌握线程的 4 种状态；

◎　掌握如何控制线程的状态；

◎　掌握线程同步的方法。

2. 实训内容

编写一个仓库的进货与销售同步控制的线程实例。

任务 9.3　实现实时时间的显示

任务描述 ☞

编写一个窗口程序，允许用户输入文字。同时运用 Java 多线程技术，在窗口的下方状态栏上显示动态改变的时间。

运行结果如图 9-3-1 所示。

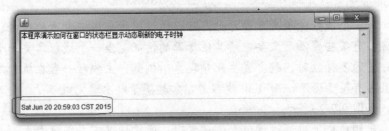

图 9-3-1　运行结果

窗口可通过 Frame 类实现，文字输入可通过 TextArea 实现，时间显示可通过 Label 实现，窗口布局可通过 BorderLayout 实现。可创建一个线程，在线程中通过 Date 类获取当前时间，通过 Thread.sleep(1000)控制每隔 1 秒线程体执行一次，从而实现每隔 1 秒刷新时间显示的效果。

9.3.1　多线程技术

进程直观上理解就是正在进行的程序，而每个进程包含一个或者多个线程，也就是说一个进程是由若干线程组成的，在程序执行期间，真正执行的是线程，而进程只是负责给该进程中的线程分配执行路径。所以线程就是进程中负责程序执行的控制单元(执行路径)，一个进程可以有多个执行路径，称为多线程。

而开启多线程就是为了同时运行多部分代码。每一线程都有自己运行的内容，这个内容可以称为线程要执行的任务。

多线程是为了同时运行多部分代码，但是对于一个 CPU 而言，在每一个时刻只能执行一个线程，它会在不同线程之间快速切换，由于切换速度很快，所以感觉上像是多个线程在"同时"执行，现在虽然出现多核技术，但核数是几乎不可能多过线程数的，所以仍然需要 CPU 不断在多个线程之间切换，以提高 CPU 的利用效率。然而，每一个线程都需要一定的内存空间去执行，线程一多，内存空间不足，就会使得电脑显得特别卡，这就是多线程的弊端。注意，CPU 在线程之间的切换是随机的。

9.3.2　实践操作：显示实时时间程序设计

1. 实施思路

在窗口中，通过 TextArea 实现文字输入，通过 Label 显示时间，通过启动一个线程，在线程中每隔一秒改变一次 Label 对象的文本内容实现时间自动刷新显示。

01 创建一个主类 AcuteUI，继承 Frame，实现 Runnable 接口；

02 在主类 AcuteUI 构造方法中创建 TextArea、Label 对象，创建线程对象并启动线程；

03 实现 Runnable 的 run 方法，用 sleep 方法休眠一秒，修改 Label 对象内容；

04 在 main 方法中实例化 AcuteUI。

2. 程序代码

```java
import java.awt.*;
import java.awt.event.*;
import java.util.*;

public class AcuteUI extends Frame implements Runnable {
    TextArea m_ta;
    Label m_label;

    public AcuteUI() {
        //窗口事件处理
        addWindowListener(new WindowAdapter() {
            //关闭窗口事件处理
            public void windowClosing(WindowEvent e) {
                System.exit(0); //退出程序
            }
        });

        m_ta = new TextArea(40, 30);
        add(m_ta, "Center");
```

```
        Date d = new Date();
        m_label = new Label(d.toString());
        add(m_label, "South");

        Thread td = new Thread(this);
        td.start();

        setSize(800, 600);
        setVisible(true);
    }

    public void run() {
        try {
            Thread t = Thread.currentThread();
            System.out.println("当前线程是: " + t);
            while (true) {
                Thread.sleep(1000);
                Date d = new Date();
                m_label.setText(d.toString());
            }
        } catch (Exception e) {
        }
    }

    public static void main(String[] args) {
        AcuteUI fr = new AcuteUI();
    }
}
```

巩固训练：通过继承 Thread 类的方式重写任务代码

1. 实训目的

◎ 掌握创建线程的方法；

◎ 掌握启动线程的方法。

2. 实训内容

通过继承 Thread 类的方式重写本项目的任务代码。

───────────── **单元小结** ─────────────

Java 语言功能强大，可以编写文件管理程序、网络访问程序、多线程音乐和动画播放等程序。本单元主要介绍了 Java 语言的高级特性之线程与动画。

───────────── **单元习题** ─────────────

一、选择题

1. 不是代表 Java 线程优先级的常量是(   )。

A. AVG_PRIORITY   B. MAX_PRIORITY

C. MIN_PRIORITY   D. NORM_PRIORITY

2. 在创建线程并调用其 start 方法后，线程进入(   )状态。

    A. 新建　　　　　　　B. 可运行　　　　　　C. 运行　　　　　　D. 等待

3. 以下关于线程的说法，错误的是(　　)。

    A. Java 中所有的对象都拥有自己的监视器，在给定时刻，只有一个线程可以拥有某个监视器

    B. 获得监视器的一个方式是使用同步方法 synchronized void methodA()

    C. 获得监视器的一个方式是使用同步块 synchronized(object)

    D. 无论线程间是否存在共享资源，都需要采取同步措施

4. 以下哪个方法可以启动一个线程？(　　)

    A. start( )　　　　　B. init( )　　　　　C. run( )　　　　　D. wait( )

5. 以下哪个描述是正确的？(　　)

    A. 多线程是 Java 语言独有的

    B. 多线程需要多 CPU

    C. 多线程要求一个计算机拥有单独一个 CPU

    D. Java 语言支持多线程

二、填空题

1. 通过调用_____方法可使线程进入等待状态。进入等待状态前，线程必须持有相关的锁(监视器)，因此该方法只能在同步方法或同步块中调用。

2. 计算机中的多任务目前的实现方式有两种，即_____和_____。

3. _____是程序的一次动态执行过程，它对应了从代码加载、执行至执行完毕的一个完整过程。

4. 处于新建状态的线程被启动后，将进入线程队列排队等待 CPU 服务，此时它已经具备了运行条件，一旦轮到享用 CPU 资源时，就可以脱离创建它的主线程独立开始自己的生命周期。上述线程是处于_____状态。

5. 一个正在执行的线程，在某些特殊情况下，如被人为挂起或需要执行输入输出操作时，将让出 CPU 并暂时中止自己的执行，进入_____状态。

三、简答题

1. 什么是"死锁"？编写程序时如何避免出现"死锁"问题？

2. 如果需要创建多个线程，应采取何种方式？为什么？

四、编程题

1. 编写程序，用继承 Thread 类的方法，由 main()主线程创建两个新线程，每一个线程输出 1～20 后结束退出，线程每输出一个数后要休眠 1 秒。

2. 编写时钟模拟程序，能够实现时针、分针和秒针的协调工作。

3. 编写俄罗斯方块游戏程序，能够在游戏同时播放背景音乐。

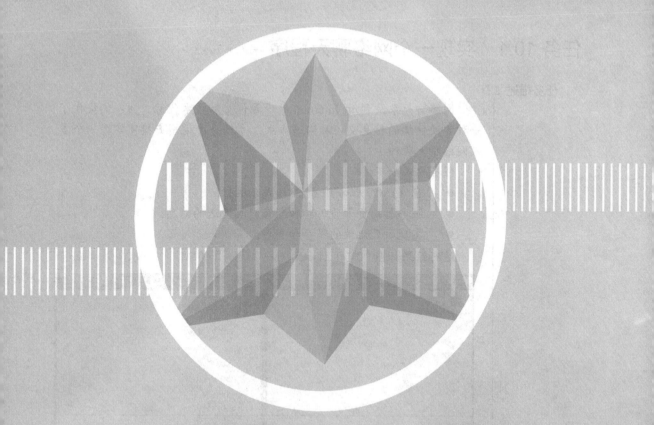

单元 10

高级程序设计——网络功能实现

学习目标

1. 理解并掌握网络通信的概念和方法
2. 掌握网络通信中 TCP/IP 协议的编程原理
3. 理解并掌握 Socket/ServerSocket 类的使用方法
4. 掌握网络通信中 UDP 协议的编程原理
5. 理解并掌握 URL 类的使用方法
6. 理解并掌握 DatagramSocket/DatagramPacket 类的使用方法

任务 10.1　实现一个网络聊天程序

任务描述 ☞

　　网络聊天系统利用 Internet 的资源优势和技术优势，为人们提供了一种方便快捷的信息交流和沟通方式。本任务要运用套接字实现一个多人网络聊天程序。

　　任务要求如下：

- 在 C/S(客户端/服务器)模式下运行。
- 服务器端负责监听和转发客户端发送的消息。
- 实现聊天记录的保存和查看。

　　运行结果如图 10-1-1 所示。

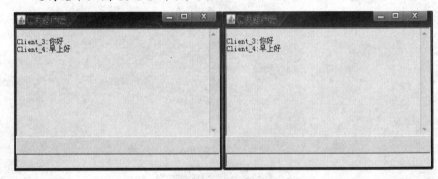

图 10-1-1　运行结果

10.1.1　网络通信与网络协议基础

　　计算机网络是利用通信设备和线路将地理位置不同的、功能独立的多个计算机系统互连起来，以功能完善的网络软件(即网络通信协议、信息交换方式及网络操作系统等)实现网络中资源共享和信息传递的系统。

　　计算机网络通常由 3 个部分组成，分别是资源子网、通信子网和通信协议。所谓通信子网就是计算机网络中负责数据通信的部分；资源子网是计算机网络中面向用户的部分，负责全网络面向应用的数据处理工作；而通信双方必须共同遵守的规则和约定就称为通信协议，它的存在与否是计算机网络与一般计算机互连系统的根本区别。

1. 计算机网络的体系结构

　　网络体系结构指的是通信系统的整体设计，它的目的是为网络硬件、软件、协议、存取控制和拓扑提供标准。现在广泛采用的是开放系统互连参考模型 OSI(Open System Interconnection)，如图 10-1-2 所示，它是用物理层、数据链路层、网络层、传输层、会话层、表示层和应用层 7 个层次描述网络的结构。网络体系结构的优劣将直接影响网络的性能。

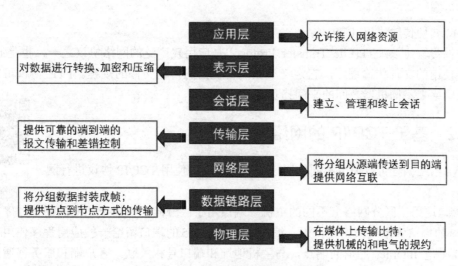

图 10-1-2　开放系统互连参考模型

2. 计算机网络的协议

所谓协议(Protocol)，就是对数据格式和计算机之间交换数据时必须遵守的规则的正式描述。依据网络的不同，通常使用 Ethernet(以太网)、NetBEUI、IPX/SPX 以及 TCP/IP 协议。 Ethernet 是总线型协议中最常见的网络底层协议，安装方便且造价便宜。而 NetBEUI 可以说是专为小型局域网设计的网络协议。对那些无须跨路由器与大型主机通信的小型局域网，安装 NetBEUI 协议就足够了；但假如需要路由到另外的局域网，就必须安装 IPX/SPX 或 TCP/IP 协议。TCP/IP(传输控制协议/网间协议)是开放系统互连协议中最早的协议之一，也是目前最完全和应用最广的协议，能实现各种不同计算机平台之间的连接、交流和通信。

(1) 传输控制协议 TCP

传输控制协议 TCP 属于 TCP/IP 协议族的传输层，提供可靠的数据传输服务。TCP 是一种面向连接的传输层协议，意味着该协议准备发送数据时，通信之间必须建立起一个逻辑上的连接。TCP 协议位于 IP 协议的上层，通过提供校验和、流控制及序列信息弥补 IP 协议可靠性的缺陷。

(2) IP 协议

IP 是英文 Internet Protocol(网络之间互连的协议)的缩写，中文简称为"网协"，也就是为计算机网络相互连接进行通信而设计的协议。

数据帧的 IP 部分被称为一个 IP 数据报，IP 数据报如同数据的封面，包含了路由器在子网中传输数据所必需的信息。

IP 协议是一种不可靠的、无连接的协议，但 TCP/IP 协议族中更高层协议可使用 IP 信息确保数据包按正确的地址进行传输。

(3) 用户数据报协议 UDP

用户数据报协议 UDP(User Datagram Protocol)位于 TCP/IP 协议族的传输层。不同于 TCP 的是，这是一种无连接的传输服务，它不保证数据包以正确的顺序接收。

(4) 超文本传输协议 HTTP

超文本传输协议 HTTP 是 TCP/IP 协议族的应用层协议。客户和 WWW 服务器之间的交互规则就是 HTTP。

(5) 文件传输协议 FTP

文件传输协议 FTP(File Transfer Protocol)是应用较广泛的网络协议之一，也是 Internet 上最早使用的文件传输程序，它定义了在两台机器间传输文件的规程。FTP 协议可以支持文件在网络上不同机器之间的来回拷贝。

10.1.2　基于 TCP/IP 的网络编程原理

基于 TCP/IP 的
网络编程

Java 网络编程可以使用不同的通信协议，本任务使用 TCP/IP 协议进行网络编程。

IP 地址用于区分网络上不同的主机。端口用于区分同一机器上不同的通信程序，编号 0~1023 的端口为系统预定义使用，编号 1024~65535 的端口留给一般应用程序使用。套接字(Socket)是 Internet 通信的端点，与主机地址和端口号相关联。客户端和服务器通过套接字建立连接和进行通信。

在 TCP/IP 协议中，TCP 提供可靠的连接服务，采用三次握手建立一个连接。具体过程如图 10-1-3 所示。

(1) 第一次握手：客户端请求连接，发送 SYN 包到服务器，并进入 SYN_SEND 状态，等待服务器确认。

(2) 第二次握手：服务器收到 SYN 包，必须确认客户的 SYN，同时自己也发送一个 SYN 包，即 SYN+ACK 包，此时服务器进入 SYN_RECV 状态。

(3) 第三次握手：客户端收到服务器的 SYN＋ACK 包，向服务器发送确认包 ACK，此包发送完毕后，客户端和服务器进入 ESTABLISHED 状态，完成三次握手。完成三次握手后，客户端与服务器开始传送数据。

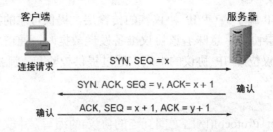

图 10-1-3　TCP 协议三次握手过程分析

10.1.3　TCP/IP 网络编程相关类

1. Socket 类

Socket 类用于客户端程序，当客户端与服务器通信的时候，客户程序会在客户端创建一个 Socket 对象，建立服务器和客户端之间的连接。

Socket 类的常用构造方法如下。

◎ Socket(String hostName, int port)：创建一个流套接字并将其连接到指定主机上的指定端口号。

◎ Socket(InetAddress a, int port)：创建一个流套接字并将其连接到指定 IP 地址的指定端口号。

Socket 类的其他常用方法如下。
◎　InetAddress getInetAddress( )：返回套接字连接的地址。
◎　int getPort( )：返回此套接字连接到的远程端口。
◎　int getLocalPort( )：返回此套接字绑定到的本地端口。
◎　InputStream getInputStream()：返回此套接字的输入流。
◎　OutputStream getOutputStream()：返回此套接字的输出流。

2. ServerSocket 类

ServerSocket 类用于服务端程序，服务端需要创建 ServerSocket 对象监听特定端口，接收客户连接请求，并基于该请求执行某些操作，然后向请求者返回结果。

ServerSocket 类的常用构造方法如下。
◎　ServerSocket(int port)：创建绑定到特定端口的服务器套接字。
◎　ServerSocket(int port, int maxqu)：创建绑定到特定端口的服务器套接字，maxqu 为队列的最大长度。

ServerSocket 类的其他常用方法如下。
◎　accept()：用于等待客户端触发通信，会阻塞线程，等待直到有客户连接才返回。
◎　close()：用于关闭服务器端建立的套接字。
◎　3. Socket 通信方式

利用 Socket 方式进行数据通信与传输的整个过程如图 10-1-4 所示：Socket 对象代表主叫方，ServerSocket 对象代表被叫方，执行 accept()方法表示同意建立连接。连接一旦建立，会自动创建一个输入流和一个输出流，通过这两个流可以实现数据的发送。

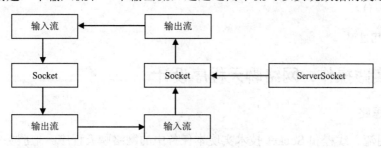

图 10-1-4　Socket 通信示意图

【实例 10-1】创建服务端程序。

服务器启动后等待客户端连接，有客户端连接时，执行 accept()方法返回一个 Socket 对象，通过此 Socket 对象可获得输入流和输出流。通过输入流，可获取客户端传入的数据。如果获取的数据为"JAVA"，则通过输出流向客户端传送"有效口令"四个字，否则向客户端传送"无效口令"四个字。

```
//省略类的定义和异常处理
...
ServerSocket ss = new ServerSocket(4001);
Socket so = ss.accept();
BufferedReader b = new BufferedReader
(new InputStreamReader(so.getInputStream()));
String passwd = b.readLine();
String response;
```

```
if(passwd.equals("JAVA")){
        response = "有效口令";
}
else{
        response = "无效口令";
}
PrintStream p = new PrintStream(so.getOutputStream());
p.println(response);
so.close();
...
//省略调用过程
```

【实例 10-2】 创建客户端程序。

通过使用相同的端口号来连接服务器程序。本例的服务端与客户端程序应当运行在同一台主机上，程序中的 Socket 对象是通过 localhost 创建的。该客户端程序从控制台读入用户输入信息，将其发送给服务器，然后读取并显示服务器返回的信息。

```
//省略类的定义和异常处理
...
Socket so = new Socket("localhost", 4001);
BufferedReader b1 = new BufferedReader
(new InputStreamReader(System.in));
String passwd = b1.readLine();
PrintStream p = new PrintStream(so.getOutputStream());
...
BufferedReader b2 = new BufferedReader
(new InputStreamReader(so.getInputStream()));
String r = b2.readLine();
System.out.println(r);
so.close();
...
//省略调用过程
```

10.1.4 实践操作：网络聊天程序设计

1. 实施思路

综合运用流、线程和 Socket 技术实现本任务中的网络聊天程序。把服务端程序定义为 ChatServer，先于客户端程序运行，监听并接受多个客户端的连接。把客户端程序定义为 ChatClient，负责将用户的输入信息发送到服务端。服务端程序接受客户信息并将其转发给其他客户端。

01 定义 Client 类实现 Runnable 接口，作为客户端代理，目的是在服务器端为每个客户端创建一个单独的通信线程。

02 定义 ChatServer 类，等待客户的连接请求，用列表 clients 保存客户端代理，每次和一个客户端建立连接，创建一个代理对象放入列表 clients 中。

03 定义 ChatClient 类继承 JFrame，实现客户端界面，与服务器建立连接，接收用户输入发送给服务器并显示服务器发送来的信息。

2. 程序代码

Client 类的关键代码如下：

```java
//省略类与成员的定义
…
public Client(Socket s,int client_no) {
    //省略成员初始化与异常处理语句
    dis = new DataInputStream(s.getInputStream()); //初始化流对象
    dos = new DataOutputStream(s.getOutputStream());
}
public void send(String str) {  //用于发送消息给客户端
    try {
        dos.writeUTF(str);
    } catch (IOException e) {
        clients.remove(this); //移除退出的对象
    }
}
public void run() {
//省略异常处理
while (cont) {
    String str = dis.readUTF();  //阻塞式方式
    String prefix = "Client_" + client_no + ":";
    str = prefix + str;
    System.out.println(str);
    for (int i = 0; i < clients.size(); i++) {
        Client c = clients.get(i); //获取客户端代理
        c.send(str);
        if(log!= null && c == this)
        {   //省略异常处理
            log.writeBytes(str+"\r\n"); //保存记录
        }
    }
}
}
```

服务器端的关键代码如下:

```java
//省略类的声明
List<Client> clients = new ArrayList<Client>(); //用于存储客户端对象
public ChatServer(){  //省略异常处理
log = new DataOutputStream(new FileOutputStream("chatlog.txt"));
}
public void start() {
//省略异常处理
ss = new ServerSocket(8888);
    stat = true;
    while (stat) {
        Socket s = ss.accept();
        …
        //每建立一个客户端,就创建一个客户端对象,启动一个线程
        Client c = new Client(s,maxClientNo++);
        new Thread(c).start();
        clients.add(c); //勿忘写,将每个客户端加入到容器里
    }
}
```

客户端的关键代码如下:

```java
Thread tRecv = new Thread(new RecvThread());
…
public static void main(String[] args) {
    new ChatClient().launchFrame();
```

```
    }
    public void launchFrame() {
        //省略窗体布局设置代码
        this.addWindowListener(new WindowAdapter() {
            public void windowClosing(WindowEvent e) {
                disconnect();
            }
        });
    tfTxt.addActionListener(new TfListent());
    //省略控件设置代码
    ...
        connect();
        tRecv.start(); //启动线程
    }
    public void connect() {
    //省略异常处理代码
    s = new Socket("127.0.0.1", 8888); //s为局部变量
    ...
        dos = new DataOutputStream(s.getOutputStream());
        dis = new DataInputStream(s.getInputStream());
    }
    public void disconnect() {
        //省略异常处理
        dos.close();
        dis.close();
        s.close();
    }
    private class TfListent implements ActionListener {
        public void actionPerformed(ActionEvent e) {
            String str = tfTxt.getText().trim();
            tfTxt.setText("");
            //省略异常处理
    dos.writeUTF(str);
            dos.flush();
        }
    }
    private class RecvThread implements Runnable {
        public void run() {
            while (cont) {
            //省略异常处理
                String str = dis.readUTF();
                taContent.setText(taContent.getText() + str + '\n');
            }
        }
    }
```

■ 知识拓展

InetAddress 类的用法

  Internet 上的主机有两种表示地址的方式：域名和 IP 地址。有时候需要通过域名来查找它对应的 IP 地址，有时候又需要通过 IP 地址来查找主机名。可以利用 java.net 包中的 InetAddress 类来完成任务。InetAddress 类没有公共的构造方法，程序员只能利用该类的一些静态方法来获取对象实例，然后再通过这些对象实例来对 IP 地址或主机名进行处理。

  该类常用的一些方法如下。

◎ pulic static InetAddress getByName(String hostname)：根据给定的主机名创建一个 InetAddress 对象，可用来查找该主机的 IP 地址。

◎ public static InetAddress getByAddress(byte[] addr)：根据给定的 IP 地址创建一个 InetAddress 对象，可用来查找该 IP 对应的主机名。

◎ public String getHostAddress()：获取 IP 地址。

◎ public String getHostName()：获取主机名。

下面通过实例来说明它的使用方法。

【实例 10-3】演示 InetAddress 类的用法。

获取并显示本机和新浪网的 IP 地址。运行此程序，要求电脑能够连通互联网，否则需要给新浪网那行代码加上注释，不然会出现异常。

```
//省略类的定义与异常处理
InetAddress add = InetAddress.getLocalHost();
System.out.println("本主机的地址是" + add);
System.out.println("新浪网的地址是" + add.getByName("www.sina.com.cn"));
```

程序运行结果如下：

本主机的地址是 dadi-pc/192.168.1.125
新浪网的地址是 www.sina.com.cn/60.215.128.246

巩固训练：用 Socket 实现客户和服务器交互

1. 实训目的

◎ 掌握创建基于 TCP 连接的网络应用程序；

◎ 掌握创建服务端套接字的方法；

◎ 掌握创建客户端套接字的方法；

◎ 掌握从连接中读取信息；

◎ 掌握向连接中写入信息。

2. 实训内容

用 Socket 实现客户和服务器交互的典型 C/S 结构的聊天程序。

任务 10.2　实现一个局域网聊天系统

任务描述 ☞

为了进一步掌握网络编程技术，本次任务要基于 UDP 实现一个局域网聊天系统。

任务要求如下：客户端采用 UDP 协议与服务器连接，客户端可以设置服务器地址与端口，服务器可以维护客户端个人信息，服务器可以记录客户端状态信息。

运行结果如图 10-2-1 所示。

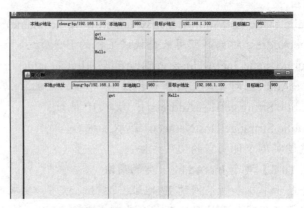

图 10-2-1　运行结果

10.2.1　基于 UDP 的网络编程原理

用户数据包协议 UDP 是 OSI 参考模型中一种无连接的传输层协议，IETF RFC 768 是 UDP 的正式规范。如图 10-2-2 所示，UDP 在传输数据之前，客户端和服务器端不建立连接，当它想传送数据时就简单地去抓取来自应用程序的数据，并尽可能快地把它扔到网络上。在发送端，UDP 传送数据的速度仅仅受应用程序生成数据的速度、计算机性能和传输带宽的限制；在接收端，UDP 把每个消息段放在队列中，应用程序每次从队列中读一个消息段。由于传输数据不建立连接，因此也就不需要维护连接状态，包括收发状态等，因此一个服务端可同时向多个客户端传输相同的消息。

基于 UDP 的网络编程原理

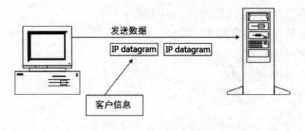

图 10-2-2　UDP 通信方式

> **提　示**
>
> TCP 协议与 UDP 协议的区别如下。
>
> TCP 提供的服务包括数据流传送、可靠性、有效流控、全双工操作和多路复用。通过面向连接、端到端进行数据包通信，可以保证数据通信的可靠性。但是，由于传输过程需要进行三次握手，所以传输速度相对较慢。而 UDP 则不为 IP 提供可靠性、流控或差错恢复功能，因此传输速度较快。
>
> 一般来说，TCP 对应的是可靠性要求较高的应用，而 UDP 对应的则是可靠性要求较低的应用。TCP 支持的应用协议主要有 Telnet、FTP、SMTP 等；UDP 支持的应用层协议主要有 NFS(网络文件系统)、SNMP(简单网络管理协议)、DNS(主域名称系统)、TFTP(通用文件传输协议)等。

10.2.2 UDP 网络编程相关类的使用

1. DatagramPacket 类

DatagramPacket 类表示数据报包，起到数据容器的作用。数据报包用来实现无连接包投递服务。每条报文仅根据该包中包含的信息从一台机器路由到另一台机器。从一台机器发送到另一台机器的多个包可能选择不同的路由，也可能按不同的顺序到达，所以它不对包投递做出保证。DatagramPacket 构造方法如下。

- ◎ DatagramPacket(byte[] data, int length)：构造 DatagramPacket，用来接收长度为 length 的数据包。
- ◎ DatagramPacket(byte[] data, int length, InetAddress I, int port)：构造数据报包，用来将长度为 length 的包发送到指定主机的指定端口号。

2. DatagramSocket 类

DatagramSocket 类表示用来发送和接收数据报包的套接字，用于发送或接收 DatagramPacket。数据报套接字是包投递服务的发送或接收点。每个在数据报套接字上发送或接收的包都是单独编址和路由的。从一台机器发送到另一台机器的多个包可能选择不同的路由，也可能按不同的顺序到达。在 DatagramSocket 上总是启用 UDP 广播发送。为了接收广播包，应该将 DatagramSocket 绑定到通配符地址。在某些实现中，将 DatagramSocket 绑定到一个更加具体的地址时，广播包也可以被接收。例如：

```
DatagramSocket s = new DatagramSocket(null);
s.bind(new InetSocketAddress(8888));
```

等价于：

```
DatagramSocket s = new DatagramSocket(8888);
```

这两个例子都能够在 UDP 8888 端口上接收 DatagramSocket。

DatagramSocket 构造方法如下。

- ◎ DatagramSocket()：构造数据报套接字并将其绑定到本地主机上任何可用的端口。
- ◎ DatagramSocket(int port)：创建数据报套接字并将其绑定到本地主机上的指定端口。

其他常用方法如下。

- ◎ void send(DatagramPacket d)：从此套接字发送数据报包。
- ◎ void receive(DatagramPacket p)：从此套接字接收数据报包。
- ◎ void close()：关闭此数据报套接字。

【实例 10-4】通过 UDP 协议通信。

DatagramServer 类接收用户从控制台输入的字符串，并将字符串发送给 DatagramClient。DatagramClient 接收并显示收到的字符串。当用户输入 "end" 时，DatagramServer 发送完就退出运行。DatagramClient 接收到 "end" 字符串后，也立刻退出运行。

服务器端关键代码如下：

```
//DatagramServer 类省略定义
```

```
byte buffer[] = new byte[1024];
ds = new DatagramSocket(SERVER_PORT);
BufferedReader dis = new BufferedReader(new InputStreamReader(System.in));
System.out.println("服务器正在等待输入");
InetAddress ia = InetAddress.getByName("localhost");
while(true){
    String str = dis.readLine();
    buffer = str.getBytes();
    ds.send(new DatagramPacket(buffer, str.length(), ia, CLIENT_PORT));
    if( (str == null) || str.equals("end") ){
        break;
    }
}
System.out.println("服务器退出运行");
```

客户关键代码如下:

```
//DatagramClient 类省略定义
ds = new DatagramSocket(CLIENT_PORT);
System.out.println("客户机正在等待服务器发送数据");
while(true){
    DatagramPacket p = new DatagramPacket(buffer, buffer.length);
    ds.receive(p);
    String psx = new String(p.getData(), 0, p.getLength());
    System.out.println(psx);
    if(psx.equalsIgnoreCase("end"))
        break;
}
System.out.println("客户机退出运行");
```

服务器端程序运行结果如下:

服务器正在等待输入
Hello
End
服务器退出运行

客户端程序运行结果如下:

客户机正在等待服务器发送数据
Hello
End
客户机退出运行

3. 网络编程实现广播

Java 网络编程还可以实现广播功能。广播通信的特点是一个发送，多个接收。广播使用特殊 IP 地址，范围为 224.0.0.0～239.255.255.255。广播使用的类有 MulticastSocket 和 DatagramPacket。

发送广播消息的程序代码如下:

```
MulticastSocket s = new MulticastSocket(6789); //构造广播对象
//加入广播组
InetAddress group = InetAddress.getByName("228.5.6.7");
s.joinGroup(group);
//创建数据包
String msg = "Hello";
DatagramPacket hi = new DatagramPacket
```

```
(msg.getBytes(), msg.length(), group, 6789);
//设置发送范围、发送
s. setTimeToLive(1);
s.send(hi);
```

接收广播消息的程序代码如下：

```
MulticastSocket s = new MulticastSocket(6789);    //构造广播对象
//加入广播组
InetAddress group = InetAddress.getByName("228.5.6.7");
s.joinGroup(group);
//准备缓冲区
byte[] buf = new byte[1000];
DatagramPacket recv = new DatagramPacket(buf, buf.length);
s.receive(recv); //接收数据
s.leaveGroup(group);  //离开分组
```

10.2.3 实践操作：无连接网络聊天程序设计

1. 实施思路

创建一个类 UdpDialogFrame，既作为信息发送端，又作为信息接收端。程序运行时，显示本机 IP 地址和所用端口号。允许用户输入信息发送目标的 IP 地址和端口号。在线程中接收数据包，在 TextListener 接口的文本变化事件处理方法中发送数据包。

01 定义类 UdpDialogFrame，继承 Frame，实现 TextListener 和 Runnable 接口。

02 在 UdpDialogFrame 类的构造方法中构造窗口界面，启动数据接收线程。

03 在 textValueChanged 方法中发送信息。

04 在 run 方法中接收并显示信息。

05 创建主类 UdpDemo，创建 UdpDialogFrame 类对象。

2. 程序代码

```
//省略窗体控件初始化代码
...
public UdpDialogFrame() {
    super("随心聊");
    init();  //调用窗体控件初始化方法
    //窗口事件处理
    addWindowListener(new WindowAdapter() {
        //关闭窗口事件处理
        public void windowClosing(WindowEvent e) {
            if (m_thRecieve.isAlive()) {
                m_thRecieve.stop();
            }
            System.exit(0); //退出程序
        }
    });
    m_thRecieve = new Thread(this);
    m_thRecieve.start();
    ...
}
//文本变化事件处理
public void textValueChanged(TextEvent e) {
```

```
                if (e.getSource() == m_taSend) {
                    String s = m_taSend.getText();
                    if (s.length() > 0 && s.endsWith("\n")) { //回车发送
                    //省略异常处理
...
                    byte[] data = s.getBytes();
                    int nPort = Integer.parseInt(m_tfDestPort.getText());
                    InetAddress[] destIP =
                            InetAddress.getAllByName(m_tfDestIP. getText());
                        if (destIP.length > 0) {
                        DatagramPacket pak = new DatagramPacket
                                (data,data.length, destIP[0], nPort);
        //省略异常处理
...
                        DatagramSocket skt = new DatagramSocket();
                        System.out.println("senddata=");
                        skt.send(pak);
                        m_taSend.setText("");
                    }
                }
        //接收线程处理
        public void run() {
            DatagramSocket skt = new DatagramSocket(980);
            byte[] data = new byte[1024];
            DatagramPacket pak = new DatagramPacket(data, data.length);
            while (true) {
                //省略异常处理
...
                skt.receive(pak);
                if (pak.getLength() > 0) {
                    String s = new String(data);
                    String t = m_taGet.getText();
                    System.out.println("getdata=" + pak.getLength() + "\n");
                    if (t.endsWith("\n")) {
                        m_taGet.setText(t + s);
                    } else {
                        m_taGet.setText(t + "\n" + s);
                    }
                    for (int i = 0; i < data.length; i++) {
                        data[i] = 0;
                    }
                }
                ...
            }
        }
        //省略调用
```

知识拓展

Java 程序获取互联网资源

Java 程序也可以像浏览器那样获取互联网资源。URL 指向 Internet 上的资源文件。URL 的组成部分包括协议、IP 地址或主机名、端口号、实际文件路径。如 http://localhost:8084/index.htm 中，http 代表协议，localhost 代表主机名，8084 是端口号，index.htm 代表服务器上的文件名。因此，通过 URL 就可以定位互联网上任意一台服务器中的文件。

一个 URL 对象代表一个统一资源定位符，它是指向互联网"资源"的指针。资源可以是简单的文件或目录，也可以是对更为复杂对象的引用，例如对数据库或搜索引擎的查询。URL 类提供 API 来访问 Internet 上的信息。

URL 类的构造方法如下。

◎ URL(String urlname)：根据 String 表示形式创建 URL 对象。

◎ URL(String protocol, String hostname, int port, String file)：根据指定的 protocol、host、port 和 file 创建 URL 对象。

◎ URL(String protocol, String hostname, String file)：根据指定的 protocol 名称、host 名称和 file 名称创建 URL。

【实例 10-5】URL 类中几个方法的使用。

如果 URL 格式不正确，程序会出现 MalformedURLException 异常。

```
//省略异常处理
URL url = new URL("http://www.sina.com.cn:80/root/htmlfiles/index.html");
System.out.println("URL 中的主机是: "+url.getHost());
System.out.println("使用的协议是: "+url.getProtocol());
System.out.println("使用的端口是: "+url.getPort());
System.out.println("调用的文件是: "+url.getFile());
```

程序运行结果如下：

```
URL 中的主机是: www.sina.com.cn
使用的协议是: http
使用的端口是: 80
调用的文件是: /root/htmlfiles/index.html
```

【实例 10-6】通过 Java 程序调用百度搜索引擎获取搜索的网页结果。

```
//省略变量定义
String makeUrl(String keyWords,int nPage){
  String rt = "http://www.baidu.com/s?wd=";
 rt += keyWords;
 rt += "&pn=";
 rt += nPage*10;
 rt += "&cl=3";
 System.out.println(rt);
 return rt;
}
String searchOnePage(String keyWords,int nPage)
{
   String content = "";
   URL url = null;
   URLConnection conn = null;
   String nextLine = "";
   StringTokenizer tokenizer = null;
   Collection urlCollection = new ArrayList();
   url = new URL(makeUrl(keyWords,nPage));
   //省略异常处理
...
   conn = url.openConnection();
   conn.setDoOutput(true);
   conn.connect();
   BufferedReader reader = new BufferedReader(
                  new InputStreamReader( conn.getInputStream() ) );
```

```
        while((nextLine = reader.readLine()) != null ){
            content += nextLine;
            content += "\n";
        }
        return content;
    }
//省略调用
```

思 考

网络游戏中，不同玩家的网速、计算机运行速度都不相同，如何实现所有玩家看到的游戏状态是一致的？

巩固训练：用 UDP 协议实现聊天程序

1. 实训目的

◎ 熟悉数据报的发送和接收；

◎ 能使用 DatagramPacket 类创建数据报对象，并在应用程序之间建立传送数据报的通信连接。

2. 实训内容

用 UDP 协议实现聊天程序。

─────────────── 单元小结 ───────────────

Java 语言功能强大，可以编写文件管理程序、网络访问程序、多线程音乐和动画播放等程序。本单元主要介绍了 Java 语言的高级特性之网络功能。

─────────────── 单元习题 ───────────────

一、选择题

1. 下列关于 TCP/IP 协议说法正确的是(   )。

   A. TCP/IP 协议由 TCP 协议和 IP 协议组成

   B. TCP 协议是 TCP/IP 协议传输层的子协议

   C. Socket 是 TCP/IP 协议的一部分

   D. 主机名的解析不是 TCP/IP 协议的一部分

2. 下面创建 Socket 的语句正确的是(   )。

   A. Socket s=new Socket(8000);

   B. Socket s=new Socket(8000，"127.0.0.1");

   C. ServerSocket s=new Socket(8000，"127.0.0.1");

   D. ServerSocket s=new Socket(8000);

3. 下面论述错误的是(   )。

   A. ServerSocket.accept 是阻塞的   B. BufferedReader.readLine 是阻塞的

C. DatagramSocket.recive 是阻塞的　　　　　D. DatagramSocket.send 是阻塞的

4. 为了获取远程主机的文件内容,当创建 URL 对象后,需要使用(　　)方法获取信息。

    A. getPort()　　　　　B. getHost　　　　　C. openStream()　　　　D. openConnection()

5. 使用 UDP 套接字通信时,常用(　　)类把要发送的信息打包。

    A. String　　　　　　　　　　　　　　B. DatagramSocket

    C. MulticastSocket　　　　　　　　　D. DatagramPacket

6. 使用 UDP 套接字通信时,(　　)方法用于接收数据。

    A. read()　　　　　　B. receive()　　　　C. accept()　　　D. Listen()

7. 若要取得数据包的中源地址,可使用下列(　　)语句。

    A. getAddress()　　　B. getPort()　　　　C. getName()　　　D. getData()

二、填空题

1. 在 Java 中通过 UDP 协议通信主要用到＿＿＿类和＿＿＿类。

2. ＿＿＿是 Internet 通信的端点,与主机地址和端口号相关联。

3. ＿＿＿是用于封装 IP 地址和 DNS 的一个类。

4. TCP/IP 套接字是最可靠的双向流协议。等待客户端的服务器使用＿＿＿＿类,而要连接到服务器的客户端则使用＿＿＿类。

5. java.net 包中提供了一个类＿＿＿,允许数据报以广播方式发送到该端口的所有客户。

三、简答题

1. TCP/IP 通信和 UDP 通信有什么不同? 如果编写一个聊天程序,应选择哪种通信方式? 为什么?

2. 什么是"死锁"? 编写程序时如何避免出现"死锁"问题?

四、编程题

1. 编写作业上传程序,程序分为服务器和客户端,教师机器运行服务器,学生机器运行客户端,学生可通过客户端选择作业文件上传到教师机。

2. 在任务 10.1 的基础上,扩展网络聊天程序的功能,如登录验证、字体设置、语音传输等。

单元 11

高级程序设计——操作数据库

学习目标 ☞

1. 掌握 JDBC 程序的结构及工作原理

2. 掌握 JDBC 纯 Java 驱动方式

3. 掌握如何使用 JDBC 获取数据库连接

4. 掌握运用 JDBC 对数据进行增、删、改、查

5. 掌握 JDBC 程序的结构及工作原理

6. 掌握运用 JDBC 对数据进行查询

7. 掌握如何使用 JDBC 获取数据库元数据

任务 11.1 实现员工数据的更新

任务描述 ☞

在员工管理系统中，需要建立员工表 emp，字段有员工编号 (empno)、姓名 (ename)、工作 (job)、经理编号 (mgr)、雇佣日期 (hiredate)、工资(sal)、提成(comm)、部门编号(deptno)。现要求使用 JDBC 连接数据库，能够根据员工编号查询、添加、修改、删除员工记录。员工表如图 11-1-1 所示。

	EMPNO	ENAME	JOB	MGR	HIREDATE	SAL	COMM	DEPTNO
1	1000	Mike	Sale	7655	1976-07-05	3000.00	300.00	10
2	2000	Mike	Sale	7655	1976-07-05	3000.00	300.00	10
3	7369	SMITH	CLERK	7902	1980-12-17	800.00	NULL	20
4	7499	ALLEN	SALESMAN	7698	1981-02-20	1600.00	300.00	30
5	7521	WARD	SALESMAN	7698	1981-02-22	1250.00	500.00	30
6	7566	JONES	MANAGER	7839	1981-04-02	2975.00	NULL	20

图 11-1-1 员工表

其运行结果如图 11-1-2 所示。

```
1000   Mike    Sale      7655   1976-07-05   3000.0   300.0   10
2000   Mike    Sale      7655   1976-07-05   3000.0   300.0   10
7369   SMITH   CLERK     7902   1980-12-17   800.0    0.0     20
7499   ALLEN   SALESMAN  7698   1981-02-20   1600.0   300.0   30
7521   WARD    SALESMAN  7698   1981-02-22   1250.0   500.0   30
7566   JONES   MANAGER   7839   1981-04-02   2975.0   0.0     20
```

图 11-1-2 运行结果

11.1.1 JDBC 工作原理

Sun 公司提供的 JDBC(Java Database Connectivity，Java 数据库连接技术)是 Java 程序连接关系数据库的标准。JDBC 让程序员通过统一接口与不同数据库打交道，不必为每一种数据库编写不同的代码。JDBC 将数据库访问封装在类和接口中，程序员可对数据库进行增、删、改、查等操作。JDBC 框架结构包括 4 个组成部分，即 Java 应用程序、JDBC API、JDBC Driver Manager 和 JDBC 驱动程序。应用程序调用统一 JDBC API，再由 JDBC API 通过 JDBC Driver Manager 装载数据库驱动程序，建立与数据库的连接，向数据库提交 SQL 请求，并将数据库处理结果返回给 Java 应用程序。JDBC 框架如图 11-1-3 所示。

JDBC 驱动程序有 4 类。

(1) JDBC-ODBC 桥(JDBC-ODBC Bridge)将对 JDBC API 的调用，转为对 ODBC API 的调用，能够访问 ODBC 可以访问的所有数据库，但是，它的执行效率低、功能不够强大。Sun 建议开发中不使用这种免费的 JDBC-ODBC 桥驱动程序。

(2) 部分 Java、部分本机驱动程序(JDBC-Native API Bridge)同样是一种桥驱动程序。

它将 JDBC 的调用转换成数据库厂商专用的 API, 效率低, 服务器易死机。不建议使用。

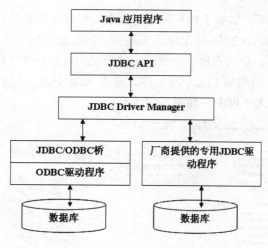

图 11-1-3　JDBC 框架结构

(3) 中间件访问服务器(JDBC-Middleware)驱动程序独立于数据库, 它只和一个中间层通信, 由中间层实现多个数据库的访问。与前面两种不同的是, 这个驱动程序不需要安装在客户端, 而是安装在服务器端。

(4) 纯 Java 驱动程序(Pure JDBC Driver)由数据库厂商提供, 是最成熟的 JDBC 驱动程序, 所有存取数据库的操作都直接由驱动程序完成, 速度快, 且又可跨平台。在开发中, 推荐使用纯 Java 驱动程序。

在 JDBC 框架结构中, 供程序员编程调用的接口与类集成在 java.sql 和 javax.sql 包中, 如 java.sql 包中常用的有 DriverManager 类、Connection 接口、Statement 接口和 ResultSet 接口。DriverManager 类根据数据库的不同, 注册、载入相应的 JDBC 驱动程序, JDBC 驱动程序负责直接连接相应的数据库。Connection 接口负责连接数据库并完成传送数据的任务。Statement 接口由 Connection 接口产生, 负责执行 SQL 语句, 包括增、删、改、查等操作。ResultSet 接口负责保存 Statement 执行后返回的查询结果, 如图 11-1-4 所示。

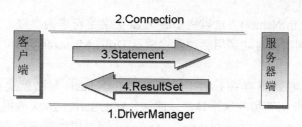

图 11-1-4　常用接口与类执行的关系

11.1.2　JDBC 访问数据库

JDBC API 完成 3 件事: 通过 Connection 接口建立与数据库连接, Statement 接口执行 SQL 语句, ResultSet 接口处理返回结果。

1. 准备环境

要想连接不同数据库，需要下载相应驱动程序，然后添加到当前工程中。

比如，连接 SQL Server 2008 数据库，需准备 JDBC 驱动程序包 sqljdbc4.jar。然后，在 Eclipse 中选中当前项目，单击右键，从菜单中选择 Properties (属性)，在打开的对话框中选择 Java Build Path 项，再选中 Libraries 标签，单击 Add JARs 按钮，选择添加 sqljdbc4.jar 文件，将驱动程序包引入工程中，如图 11-1-5 所示。

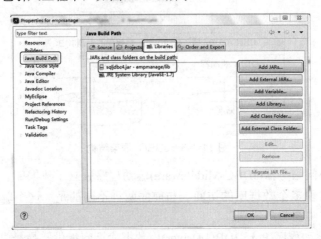

图 11-1-5　引入 sqljdbc4.jar 文件

2. 加载并注册驱动

用 Class.forName()方法显示装载驱动程序。格式如下：

```
try{
Class.forName(JDBC 驱动程序类);                    //注册 JDBC 驱动
} catch (ClassNotFoundException e) {              //处理异常
System.out.println("无法找到驱动类");
}
```

相关解释如下。

(1) Class 类的 forName()方法以完整的 Java 类名字符串为参数，装载此类，将自动创建一个驱动类的实例，并自动调用驱动器管理器 DriverManager 类中的 RegisterDriver 方法来注册它。

(2) 驱动类有可能不存在，使用此 Class.forName()方法就会抛出 ClassNotFound Exception 异常，因此需要捕获这个异常。比如，SQL Server 2008 数据库 JDBC 驱动程序类名为 com.microsoft.sqlserver.jdbc. SQLServerDriver，则对应加载驱动的代码为：

```
try{
Class.forName("com.microsoft.sqlserver.jdbc.SQLServerDriver"); //注册驱动
} catch (ClassNotFoundException e) {          //处理异常
System.out.println("无法找到驱动类");
}
```

3. Connection 对象

Connection 对象用于与特定数据库的连接(会话)，在连接上下文中执行 SQL 语句并返回结果。标准方法是调用 DriverManager.getConnection()方法，格式如下：

```
try {                            //用 JDBC URL 标识数据库，建立数据库连接
Connection con=DriverManager.getConnection(JDBC URL,数据库用户名,密码);
} catch (SQLException e) {  //处理异常
e.printStackTrace();
}
```

相关解释如下。

(1) JDBC URL 格式为：

```
jdbc:子协议:子名称
```

jdbc 表示协议，JDBC URL 中的协议总是 jdbc；子协议是驱动器名称；子名称是数据库的名称，如果是位于远程服务器上的数据库，则还应该包括网络地址。例如，连接本机 SQL Server 2008 数据库服务器中 empmanage 数据库的 JDBC URL 书写为：

```
jdbc:sqlserver://localhost:1433;DatabaseName=empmanage
```

其中，jdbc 表示协议，sqlserver 是子协议，"//localhost:1433;DatabaseName=empmanage" 称为子名称。

(2) getConnection()方法第二个参数是访问数据库所需的用户名，第三个参数是用户密码。

(3) DriverManager.getConnection()方法在执行时可能会抛出 SQLException 异常，因此需要捕获这个异常。

4. Statement 对象

Statement 对象用于执行静态 SQL 语句并返回所生成结果的对象。通过 Connection 接口的 createStatement()方法，可创建向数据库发送 SQL 语句的 Statement 对象，格式如下：

```
try {
Statement stmt = con.createStatement(); //发送 SQL 语句
} catch (SQLException e) {  //处理异常
e.printStackTrace();
}
```

executeUpdate()方法用于执行 insert、update 或 delete 语句，以及 SQL 语言中的 DDL 语句，如 create table 等。例如，删除编号为 7369 的员工信息，语句如下：

```
stmt.executeUpdate("delete from emp where empno=7369");
```

executeUpdate()的返回值是一个整数，表示受影响的行数(即更新计数)，如修改了多少行、删除了多少行等。对于 create table 等语句，因不涉及行的操作，所以 executeUpdate()的返回值总为零。

 注 意

执行语句的所有方法都将关闭所调用的 Statement 对象当前打开的结果集(如果存在)。这意味着在重新执行 Statement 对象之前，需要完成对当前 ResultSet 对象的处理。

JDBC API 编写程序时，除使用 Statement 接口外，还经常使用 PreparedStatement 接口编程。PreparedStatement 接口继承了 Statement 接口。当执行"PreparedStatement pstmt=con.prepareStatement(SQL 语句)"时，表示不仅创建一个 PreparedStatement 对象，而且还要把 SQL 语句提交到数据库进行预编译，以作为提高性能的一条措施。PreparedStatement 语句称为预编译语句。例如，现在要在 emp 表中增加一条记录，用 PreparedStatement 接口实现，语句如下：

```
//省略类的声明
//准备 SQL 语句
String sql=" INSERT INTO emp(empno,ename,job,hiredate,sal,comm,deptno,mgr)
VALUES(?,?,?,?,?,?,?,?)";
PreparedStatement pstmt=con.prepareStatement(sql);
//设置替代变量
pstmt.setInt(1, emp.getEmpno());
pstmt.setString(2, emp.getEname());
pstmt.setString(3, emp.getJob());
pstmt.setDate(4, new java.sql.Date(emp.getHiredate().getTime()));
pstmt.setDouble(5, emp.getSalary());
pstmt.setDouble(6, emp.getCommision());
pstmt.setInt(7, emp.getDeptno());
pstmt.setInt(8, emp.getManagerno());
//执行 SQL 语句
num=pstmt.executeUpdate();
//省略 JDBC 相关对象关闭操作
```

经 验

在应用中，根据具体情况选用 PreparedStatement 接口或 Statement 接口。但是，PreparedStatement 接口与 Statement 接口相比有两个好处，一是预编译语句是在执行 SQL 语句之前已编译好 SQL 语句，而 Statement 的 SQL 语句是当程序要执行时才会去编译；二是，预编译语句中的 SQL 语句具有参数，每个参数用"?"替代，"?"的值在执行之前利用 setXxx()方法设置。实际应用中，预编译提高了 SQL 执行效率，建议尽量使用 PreparedStatement 接口。

5. 关闭数据库连接对象

计算机资源是宝贵的，如果打开的资源太多，会造成内存缺失。虽然 Java 提供垃圾回收机制，但是内存达到一定程度，即使有垃圾回收机制，程序的运行效率也是非常低的。因此，当对象使用完成后，要关闭相关对象，让其释放占用的内存空间。

关闭打开的各个对象，该顺序与打开的顺序相反，需要依次关闭结果集对象、语句对象和连接对象。

关闭语句对象，代码为：stmt.close()。

关闭连接对象，代码为：con.close()。

这些语句操作过程中会抛出异常 SQLException，所以操作时需要进行异常处理。

11.1.3　实践操作：员工数据管理程序设计

1. 实施思路

01　创建数据库以及数据表；

02　编写实体类 Employee，实现员工数据的封装；

03　编写 BaseDAO 类，完成数据库连接、关闭等功能；

04　编写 EmployeeDAO 类，实现员工表访问功能；

05　编写 EmployeeBiz，模拟员工管理系统的业务操作。

2. 程序代码

(1)　创建数据库以及数据表

本任务可采用不同数据库完成，我们在此以 SQL Server 2008 为例。您可以使用 SQL Server 的默认用户 sa 登录，先创建一个数据库 EMP，再使用以下 SQL 语句创建 emp 表并为其添加几行测试数据。

```
CREATE TABLE EMP
(
    EMPNO INT CONSTRAINT PK_EMP PRIMARY KEY,--员工编号
    ENAME VARCHAR(10) NOT NULL,--姓名
    JOB VARCHAR(9),--工作
    MGR INT,--经理编号
    HIREDATE DATE,--雇佣日期
    SAL NUMERIC(7, 2),--工资
    COMM NUMERIC(7, 2),--提成
    DEPTNO INT CONSTRAINT FK_DEPTNO REFERENCES DEPT(DEPTNO)--部门编号
)
GO

    INSERT INTO EMP VALUES
    (7369,'SMITH','CLERK',7902,to_date('17-12-1980','dd-mm-yyyy'),800,NULL,20);
```

(2)　编写实体类 Employee，实现员工数据的封装

```java
import java.util.Date;
public class Employee {
    private String ename;        //员工姓名
    private String job;          //员工工作
    private int manager_no;      //员工的经理编号
    private Date hiredate;       //员工参加工作的日期
    private double salary;       //员工的工资
    private double commision;    //员工的提成
    private int deptno;          //员工的部门编号
    private int empno;           //员工编号
    public Employee() {
    }
    public Employee(int empno, String ename, String job, int manager_no,
            Date hiredate, double salary, double commision, int deptno) {
        //给成员变量赋值
    }

        //省略成员变量的 get 方法、set 方法
```

```
    void show() {
        System.out.println(empno + " " + ename + " " + job + " " + manager_no
                + " " + hiredate + " " + salary + " " + " " + commision + "
"
                + deptno);
    }
}
```

(3) 编写 BaseDAO 类，完成数据库连接、关闭等功能

```
//省略相关类库的导入语句
public class BaseDAO {
    private static final String DRIVER_CLASS =
"com.microsoft.sqlserver.jdbc.SQLServerDriver";
    private static final String DADABASE_URL =
"jdbc:sqlserver://127.0.0.1:1433;DatabaseName= empmanage";
    private static final String DADABASE_USER = "sa";
    private static final String DADABASE_PASSWORD = "system";
    public static Connection getConnection(){
        Connection con = null;
        try{
            Class.forName(DRIVER_CLASS);
        }
        catch(ClassNotFoundException ce){
            ce.printStackTrace();
        }
        try{
            con = DriverManager.getConnection(DADABASE_URL,
                DADABASE_USER,DADABASE_PASSWORD);
        }
        catch(SQLException e){
            e.printStackTrace();
        }
        return con;
    }
    public static void closeConnection(Connection con){
        try{
            if(con != null || !con.isClosed()){
                con.close();
            }
        }
        catch(Exception e){
            e.printStackTrace();
        }
    }
    public static void closeResultSet(ResultSet rs){
        try {
            if(rs != null) rs.close();
        } catch(Exception e) {
            e.printStackTrace();
        }
    }
    public static void closeStatement(Statement stmt){
        try {
            if(stmt != null) stmt.close();
        } catch(Exception e) {
            e.printStackTrace();
        }
    }
}
```

(4)　编写 EmployeeDAO 类，实现员工表访问功能

```java
public class EmployeeDAO {
    /**
     * 查询所有的员工信息
     */
    public List getAllEmployees() {
        List lEmployees = new ArrayList();
        Student stu = null;
        Connection con = null;
        Statement stmt = null;
        try {
            //省略创建 Connection 对象和 Statement 对象
            String sqlStr = "select * from emp";
            ResultSet rs = stmt.executeQuery(sqlStr);
            while (rs.next()) {
                Employee e = new Employee();
                e.setEmpno(rs.getInt("empno"));
                //省略给员工其他成员变量赋值语句
                e.show();
                lEmployees.add(e);
            }
            BaseDAO.closeResultSet(rs);
            BaseDAO.closeStatement(stmt);
        } catch (Exception e) {
            e.printStackTrace();
        } finally {
            BaseDAO.closeConnection(con);
        }
        return lEmployees;
    }

    //省略查询指定员工编号的员工信息
    /**
     * 添加一个新的员工
     * @param Employee 员工信息
     */
    public int addEmployee(Employee emp) {
        int num = 0;
        Connection con = null;
        PreparedStatement pstmt = null;
        try {
            con = BaseDAO.getConnection();
            String sqlStr = "INSERT INTO emp(empno,ename,job,hiredate,sal,
                comm,deptno,mgr) VALUES(?,?,?,?,?,?,?,?)";
            pstmt = con.prepareStatement(sqlStr);
            pstmt.setInt(1, emp.getEmpno());
            //省略给其他参数赋值
            num = pstmt.executeUpdate();
            BaseDAO.closeStatement(pstmt);
        } catch (Exception e) {
            e.printStackTrace();
        } finally {
            BaseDAO.closeConnection(con);
        }
        return num;
    }
    //省略删除指定员工编号的员工信息
    //省略更新制定员工的员工信息
}
```

(5) 编写 EmployeeBiz,模拟员工管理系统的业务操作

```java
public class EmployeeBiz {
    public static void main(String[] args) {
        EmployeeDAO dao = new EmployeeDAO();
        dao.getAllEmployees();
        Calendar d = Calendar.getInstance();
        d.set(1973, 5, 29); //设置日历为1973年5月29日
        Employee e = new Employee(1000, "zxg", "Manager", 7369, d.getTime(),
                                  2900, 300, 10);
        dao.addEmployee(e);
        e.setEname("zhuxg");
        dao.updateEmployee(e);
        dao.deleteEmployee(1000);
    }
}
```

■ 知识拓展

Java 驱动程序连接 Oracle 数据库

如果使用 Oracle 数据库并采用纯 Java 驱动程序连接数据库,方法和步骤同连接 SQL Server 数据库基本相同。

首先,准备好 Oracle 数据库 JDBC 驱动程序包 ojdbc14_g.jar。可以通过互联网去下载,也可以到 Oracle 的安装目录下去找,例如 OracleXE10g 安装在 C:\oraclexe 下,那么 ojdbc14_g.jar 文件可以在 C:\oraclexe\app\oracle\product\10.2.0\server\jdbc\lib 文件夹下找到。

然后,添加 ojdbc14_g.jar 文件,将驱动程序包引入工程中。

最后,按照 JDBC 程序模板编写代码,通过纯 Java 驱动方式与数据库建立连接。

Oracle 数据库 JDBC 驱动程序类名为 oracle.jdbc.driver.OracleDriver,数据库 JDBC URL 为 jdbc:oracle:thin:@127.0.0.1:1521:xe,其中 127.0.0.1 是数据库服务器的 IP 地址,1521 是监听器服务监听的端口号,xe 是在 Oracle 安装目录中的 tnsnames.ora 文件配置的数据库服务名,这些都可以根据自己的实际情况进行修改。程序代码为:

```java
URL="jdbc:oracle:thin:@127.0.0.1:1521:xe ";
Class.forName("oracle.jdbc.driver.OracleDriver");   //加载、注册驱动程序
Connection con = DriverManager.getConnection(URL,"scott ","tiger");
        //建立数据库连接
```

虽然不推荐使用 JDBC-ODBC 桥,但是在开发与测试小型系统中,仍然有人在用。例如,在用 Access 建立数据库表之后,先在控制面板中进行 ODBC 数据源配置,获得数据源的名称 emp、用户名 sa 和密码 sasa。接着,编写代码,通过桥连方式与数据库建立连接。编写代码时,按照 JDBC 程序模板设定 JDBC 驱动程序类和 JDBC URL。JDBC-ODBC 桥驱动程序类名为 sun.jdbc.odbc.JdbcOdbcDriver,数据源名称为 emp,JDBC URL 为 jdbc:odbc:emp。程序代码为:

```java
Class.forName("sun.jdbc.odbc.JdbcOdbcDriver");      //加载、注册驱动程序
//建立数据库连接
Connection con =DriverManager.getConnection("jdbc:odbc:
emp","sa","sasa");
```

比较使用不同数据库和不同类型的驱动程序在编程上的差别,主要是 JDBC 驱动程序类和数据库 JDBC URL 不同,其他代码几乎不要修改。

巩固训练：编写一个用户维护的功能模块

1. 实训目的

◎ 掌握 JDBC 的工作原理；

◎ 掌握 JDBC 纯 Java 驱动方式；

◎ 掌握如何使用 JDBC 获取数据库连接；

◎ 掌握运用 JDBC 对数据进行增、删、改。

2. 实训内容

编写一个用户维护的功能模块，在该模块中包括用户的注册、密码的更新、用户的注销(即删除)。

Users 数据表结构如表 11-1-1 所示。

表 11-1-1　Users 数据表结构

字段名	数据类型	是否允许为空	备　注
id	int	not null	主键，标识列，表示用户 ID
name	varchar(50)	not null	用户名
pwd	varchar(20)	not null	用户密码

任务 11.2　实现员工数据的查询

任务描述 ☞

在员工管理系统中，需要建立员工表 emp，字段有员工编号 (empno)、姓名 (ename)、工作 (job)、经理编号 (mgr)、雇佣日期 (hiredate)、工资(sal)、提成(comm)、部门编号(deptno)，如图 11-2-1 所示。现要求使用 JDBC 连接数据库，能够根据员工编号查询、添加、修改、删除员工记录。

	EMPNO	ENAME	JOB	MGR	HIREDATE	SAL	COMM	DEPTNO
1	1000	Mike	Sale	7655	1976-07-05	3000.00	300.00	10
2	2000	Mike	Sale	7655	1976-07-05	3000.00	300.00	10
3	7369	SMITH	CLERK	7902	1980-12-17	800.00	NULL	20
4	7499	ALLEN	SALESMAN	7698	1981-02-20	1600.00	300.00	30
5	7521	WARD	SALESMAN	7698	1981-02-22	1250.00	500.00	30
6	7566	JONES	MANAGER	7839	1981-04-02	2975.00	NULL	20

图 11-2-1　员工表 emp 数据示例

运行结果如图 11-2-2 所示。

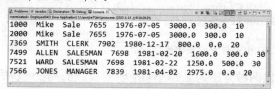

```
1000  Mike   Sale     7655  1976-07-05  3000.0  300.0  10
2000  Mike   Sale     7655  1976-07-05  3000.0  300.0  10
7369  SMITH  CLERK    7902  1980-12-17  800.0   0.0    20
7499  ALLEN  SALESMAN 7698  1981-02-20  1600.0  300.0  30
7521  WARD   SALESMAN 7698  1981-02-22  1250.0  500.0  30
7566  JONES  MANAGER  7839  1981-04-02  2975.0  0.0    20
```

图 11-2-2　运行结果

JDBC 查询数据库的对象介绍如下。

1. Statement 对象

JDBC 查询数据库

为了通过 Statement 对象操作数据库，需要将 SQL 语句作为参数提供给 Statement 的方法，例如：

```
ResultSet rs = stmt.executeQuery("select * from emp where empno=7369");
ResultSet rs = stmt.executeQuery("select * from emp");
```

Statement 提供了 3 种执行语句的方法，即 executeQuery()、executeUpdate()和 execute()。使用哪一种方法由 SQL 语句所产生的内容决定。

executeQuery()方法用于产生单个结果集的语句，例如 select 语句。查询所有员工信息语句如下：

```
ResultSet rs = stmt.executeQuery("select * from emp");
```

2. ResultSet 对象

ResultSet 对象表示数据库结果集的数据表，通常通过执行查询数据库的语句生成。查询结果作为结果集(ResultSet)对象返回后，可以从 ResultSet 对象中提取结果。

(1) 使用 next()方法

ResultSet 对象中含有检索出来的行，其中有一个指示器指向当前可操作的行，初始状态下指示器是指向第一行之前。方法 next()的功能是将指示器下移一行，所以第一次调用 next()方法时便将指示器指向第一行，以后每一次对 next()方法的成功调用都会将指示器移向下一行。

(2) 使用 getXxx()方法

使用相应类型的 getXxx()方法可以从当前行指定列中提取不同类型的数据。例如 ename 列都是 SQL 类型 varchar，提取 varchar 类型数据时就要用 getString()方法，而提取 float 类型数据的方法是 getFloat()。

【实例 11-1】获取所有员工信息。

```
//省略类的定义和方法的定义
//省略数据库和创建语句的操作
//利用以下语句完成获取所有员工信息的结果
try {
ResultSet rs = stmt.executeQuery("select * from emp");
while (rs.next()) {        //处理结果集
    int eno = rs.getInt("empno");
        String name = rs.getString("ename");
          //省略其他字段的读取
        float sal = rs.getFloat("sal");
    }
} catch (SQLException e) { //处理异常
e.printStackTrace();
}
//省略 JDBC 相关对象的关闭操作
```

JDBC 提供两种方法为 getXxx()指明要提取的列：一种方法是给出列名，就像上例中看到的那样；另一种方法是给出列的索引(列序号)，1 代表首列，2 代表第 2 列，依次类推。下面是以列序号代替列名的语句：

```
String s = rs.getString(2);//提取当前的第2列数据
```

注 意

这里的列序号指的是结果集中的列序号，而不是原表中的列序号。

▌知识拓展

使用 jdbc 操作 Oracle 数据库

使用 jdbc 操作数据库步骤是固定的，下面我们以一个学生花名册数据表的创建、连接、查寻操作为例，进行 Oracle 数据库操作示范。

(1) 创建用户 zhangfei 并授予登录权限

```
create tablespace h datafile'd:\h\hj.dbf' size 200M;
--在D盘下创建一个文件夹h  大小200MB
create user zhangfei identified by sa123；--创建用户zhangfei，登录密码sa123
default tablespace h;                    --默认表空间放在h文件夹
grant connect, resource to zhangfei;     --授予权限
grant create session to zhangfei;        --允许登录
```

(2) 创建一个 student 表

```
create table student
(
  sid varchar(10),          --学号
  sname varchar(10),        --名字
  address varchar(50)       --地址
);
```

(3) Java 连接 Orcale 数据库

```
public class Test666 {

  public static void main(String[] args) {
    String url = "jdbc:oracle:thin:@localhost:1521:XE";
    //固定写法,1521是端口号,XE是数据库名称
    String user = "zhangfei";
    String password = "sa123";
    try {
      Class.forName("oracle.jdbc.OracleDriver");//加载驱动
      Connection conn = DriverManager.getConnection(url,user,password);
      //创建连接对象(负责连接oracle数据库)
      System.out.println("连接成功");
    } catch (ClassNotFoundException | SQLException e)
      {
      e.printStackTrace();
      }
    }
}
```

(4) 查询操作

```
public class Test01 {
```

```java
public static void main(String[] args) {
    //TODO Auto-generated method stub
     Connection conn = null;
try {
    //1.加载驱动
    Class.forName("oracle.jdbc.driver.OracleDriver");
     //2.建立连接
    conn = DriverManager.getConnection("jdbc:oracle:thin:@localhost:
1521:XE", "zhangfei", "sa123"); //固定写法,1521 是端口号,XE 是数据库名称
    //3.sql
    String sql = "select *from student";
    //4.创建 statement 对象
    Statement st = conn.createStatement();
    //5.执行 sql 语句
    ResultSet rs = st.executeQuery(sql);
    //6.遍历输出
    while (rs.next()) {//判断集合有没有下一条记录
        int Sid = rs.getInt("sid");//参数是字段民字，建议用大写
        String Sname = rs.getString("sname");
        String Address = rs.getString("address");
        System.out.println(Sid + "\t" + Sname + "\t" + Address);
    }
} catch (Exception e) {
     e.printStackTrace();
} finally {
try {
    conn.close();
    } catch (SQLException e)
        e.printStackTrace();
  }
 }
}
}
```

任务 11.3　实现一款 SQL 小工具的开发

任务描述 ☞

开发 SQL 小工具，允许用户输入数据源、用户名、口令，连接数据库。输入并执行增、删、查、改 SQL 语句。

初始运行界面如图 11-3-1 所示。

图 11-3-1　初始界面

单击"连接"按钮后，再单击"SQL 查询"按钮，打开的对话框如图 11-3-2 所示。

图 11-3-2　输入查询语句

查询结果如图 11-3-3 所示。

EMPNO	ENAME	JOB	MGR	HIREDATE	SAL	COMM	DEPTNO
7369	SMITH	CLERK	7902	2014-12-21	800		20
7499	ALLEN	SALESMAN	7698	1981-02-20	1600	300	30
7521	WARD	SALESMAN	7698	1981-02-22	1250	500	30
7566	JONES	MANAGER	7839	1981-04-02	2975		20
7654	MARTIN	SALESMAN	7698	1981-09-28	1250	1400	30
7698	BLAKE	MANAGER	7839	1981-05-01	2850		30
7782	CLARK	MANAGER	7839	1981-06-09	2450		10
7788	SCOTT	ANALYST	7566	1987-04-19	3000		20
7839	KING	PRESIDENT		1981-11-17	5000		10
7844	TURNER	SALESMAN	7698	1981-09-08	1500	0	30
7876	ADAMS	CLERK	7788	1987-05-23	1100		20
7900	JAMES	CLERK	7698	1981-12-03	950		30
7902	FORD	ANALYST	7566	1981-12-03	3000		20
7934	MILLER	CLERK	7782	1982-01-23	1300		10
1000	朱旭刚	worker	7369	2014-03-01	1000		10

图 11-3-3   查询结果

输入修改语句，如图 11-3-4 所示。

图 11-3-4   输入修改语句

11.3.1   ResultSetMetaData

DatabaseMetaData 包括整个数据库的信息：表名、表的索引、数据库产品的名称和版本、数据库支持的操作。ResultSet 包括某个表的信息或一个查询的结果。您必须逐行访问数据行，但是可以任何顺序访问列。例如：

```
ResultSet rs = stmt.executeQuery("SELECT a, b, c FROM TABLE2");
ResultSetMetaData rsmd = rs.getMetaData();
int numberOfColumns = rsmd.getColumnCount();
String colName = rsmd. getColumnName(1);
```

ResultSetMetaData 的主要方法如表 11-3-1 所示。

表 11-3-1   ResultSetMetaData 的主要方法

方　　法	功　　能
String getCatalogName(int column)	获取指定列的表目录名称
String get ColumnClassName(int column)	如果调用方法 ResultSet.getObject 从列中获取值，则返回构造其实例的 Java 类的完全限定名称
int getColumnCount()	返回此 ResultSet 对象中的列数
int getColumnDisplaySize(int column)	指示指定列的最大标准宽度，以字符为单位
String getColumnLabel(int column)	获取用于打印输出和显示的指定列的标题
String getColumnName(int column)	获取指定列的名称
int getColumnType(int column)	获取指定列的 SQL 类型
String getColumnTypeName(int column)	获取指定列的数据库特定的类型名称
int getPrecision(int column)	获取指定列的指定列宽
int getScale(int column)	获取指定列的小数点右边的位数

方　法	功　能
String getSchemaName(int column)	获取指定列的表模式
String getTableName(int column)	获取指定列的表名称
boolean isAutoIncrement(int column)	指示是否自动为指定列进行编号
boolean isCaseSensitive(int column)	指示列的大小写是否敏感
boolean isCurrency(int column)	指示指定的列是否是一个哈希代码值
boolean isDefinitelyWritable(int column)	指示在指定的列上进行写操作是否明确可以获得成功
int isNullable(int column)	指示指定列中的值是否可以为 null
boolean isReadOnly(int column)	指示指定的列是否明确不可写入
boolean isSearchable(int column)	指示是否可以在 where 子句中使用指定的列
boolean isSigned(int column)	指示指定列中的值是否带正负号
boolean isWritable(int column)	指示在指定的列上进行写操作是否可以获得成功

11.3.2　JTable

　　JTable 用来显示和编辑常规二维单元表。JTable 有很多用来自定义其显示和编辑的工具，同时提供了这些功能的默认设置，从而可以轻松地设置简单表。例如，要设置一个 10 行 10 列的表，代码如下：

```
TableModel dataModel = new AbstractTableModel() {
    public int getColumnCount() { return 10; }
    public int getRowCount() { return 10;}
    public Object getValueAt(int row, int col) {
            return new Integer(row*col);
            }
};
JTable table = new JTable(dataModel);
JScrollPane scrollpane = new JScrollPane(table);
```

　　注意，如果要在单独的视图中(在 JScrollPane 外)使用 JTable 并显示表标题，则可以使用 getTableHeader()获取并单独显示它。

　　要启用行的排序和过滤，可使用 RowSorter，有两种方式能设置一个行排序器。

◎　直接设置 RowSorter。例如：

```
table.setRowSorter(new TableRowSorter(model))
```

◎　将 autoCreateRowSorter 属性设置为 true，从而 JTable 可用于创建 RowSorter。例如：

```
setAutoCreateRowSorter(true)
```

　　设计使用 JTable 的应用程序时，务必注意表示表数据的数据结构。DefaultTableModel 是一个模型实现，它使用一个 Vector 来存储所有单元格的值，该 Vector 由包含多个 Object 的 Vector 组成。除了将数据从应用程序复制到 DefaultTableModel 中之外，还可以用 TableModel 接口的方法来包装数据，这样可将数据直接传递到 JTable。这通常可以提高应用程序的效率,因为模型可以自由选择最适合数据的内部表示形式。在决定使用 AbstractTableModel

还是使用 DefaultTableModel 方面有一个好的经验，即在创建子类时使用 AbstractTableModel 作为基类，在不需要创建子类时则使用 DefaultTableModel。

JTable 使用专有的整数来引用它所显示的模型的行和列。JTable 采用表格的单元格范围，并在绘制时使用 getValueAt(int, int) 从模型中获取值。但各种 JTable 方法所返回的列和行索引是就 JTable(视图)而言的，不一定是模型所使用的那些索引。

默认情况下，在 JTable 中对列进行重新安排，这样在视图中列的出现顺序与模型中列的顺序不同。但这不影响模型的实现：当列重新排列时，JTable 在内部保持列的新顺序，并在查询模型前转换其列索引。

所有编写 TableModel 时，不必监听列的重排事件，因为不管视图怎样，模型都将在自己的坐标系统被查询。

类似地，使用 RowSorter 提供的排序和过滤功能时，底层 TableModel 不需要知道怎样进行排序，RowSorter 将处理它。对底层 TableModel 使用 JTable 的基于行的方法时，必须进行坐标转换。所有基于 JTable 行的方法都是就 RowSorter 而言的，不一定与底层 TableModel 的方法相同。例如，选择始终是就 JTable 而言的，因此使用 RowSorter 时，需要使用 convertRowIndexToView 或 convertRowIndexToModel 进行转换。以下代码显示了如何将 JTable 的坐标转换为底层模型的坐标：

```
int[] selection = table.getSelectedRows();
for (int i = 0; i < selection.length; i++) {
selection[i] = table.convertRowIndexToModel(selection[i]);
}
//selection is now in terms of the underlying TableModel
```

默认情况下，如果启用排序，那么排序时 JTable 将保留基于模型的选择和可变行高度。例如，如果当前选择行 0(就底层模型而言)，那么排序之后将选择行 0(就底层模型而言)。选择有可能看起来被更改了，但就底层模型而言它仍然保持不变。模型索引不再可见或者被移除时除外，例如，如果行 0 被过滤掉了，那么选择在排序后将为空。

J2SE 5 在 JTable 中添加了一些方法，为某些普通打印需求提供方便的访问。print() 是一个简单的新方法，它允许快速简单地向应用程序添加打印支持。此外，新的 getPrintable(javax.swing.JTable.PrintMode, java.text.MessageFormat, java.text.MessageFormat) 方法可用于更高级的打印需求。JTable 的主要方法如表 11-3-2 和表 11-3-3 所示。

表 11-3-2　构造方法摘要

方　法	功　能
JTable()	构造一个默认的 JTable，使用默认的数据模型、默认的列模型和默认的选择模型对其进行初始化
JTable(int numRows, int numColumns)	使用 DefaultTableModel 构造具有 numRows 行和 numColumns 列个空单元格的 JTable
JTable(Object[][] rowData, Object[] columnNames)	构造一个 JTable 来显示二维数组 rowData 中的值，其列名称为 columnNames
JTable(TableModel dm)	构造一个 JTable，使用数据模型 dm、默认的列模型和默认的选择模型对其进行初始化

续表

方　法	功　能
JTable(TableModel dm, TableColumnModel cm)	构造一个 JTable，使用数据模型 dm、列模型 cm 和默认的选择模型对其进行初始化
JTable(TableModel dm, TableColumnModel cm, ListSelectionModel sm)	构造一个 JTable，使用数据模型 dm、列模型 cm 和选择模型 sm 对其进行初始化
JTable(Vector rowData, Vector columnNames)	构造一个 JTable 来显示 Vector 所组成的 Vector rowData 中的值，其列名称为 columnNames

表 11-3-3　方法摘要

方　法	功　能
void addColumn(TableColumn aColumn)	将 aColumn 追加到此 JTable 的列模型所保持的列数组的尾部
void addColumnSelectionInterval (int index0, int index1)	将从 index0 到 index1 之间(包含两端)的列添加到当前选择中
void addNotify()	调用 configureEnclosingScrollPane 方法
void addRowSelectionInterval(int index0, int index1)	将从 index0 到 index1 之间(包含两端)的行添加到当前选择中
void changeSelection(int rowIndex, int columnIndex, boolean toggle, boolean extend)	根据 toggle 和 extend 这两个标志的状态，更新表的选择模型
void clearSelection()	取消选中所有已选定的行和列
void columnAdded(TableColumnModelEvent e)	将列添加到表的列模型时调用
int columnAtPoint(Point point)	返回 point 所在的列索引；如果结果不在 [0, getColumnCount()-1] 范围内，则返回 −1
void columnMarginChanged(ChangeEvent e)	当列由于间距的更改而被移动时调用
void columnMoved(TableColumnModelEvent e)	重新定位列时调用
void columnRemoved(TableColumnModelEvent e)	从表的列模型中移除列时调用
void columnSelectionChanged(ListSelectionEvent e)	TableColumnModel 的选择模型更改时调用
protected void configureEnclosingScrollPane()	如果此JTable是一个封闭JScrollPane 的viewportView (通常情况如此)，那么可通过安装表的 tableHeader 作为滚动窗格的 columnHeaderView 来配置此 ScrollPane
int convertColumnIndexToModel(int viewColumnIndex)	将视图中位于 viewColumnIndex 的列索引映射到表模型中的列索引
int convertColumnIndexToView(int modelColumnIndex)	将表模型中位于 modelColumnIndex 的列索引映射到视图中的列索引
int convertRowIndexToModel(int viewRowIndex)	将基于视图的行索引映射到底层 TableModel
int convertRowIndexToView(int modelRowIndex)	将基于 TableModel 的行索引映射到该视图

方 法	功 能
protected TableColumnModel createDefaultColumnModel()	返回默认的列模型对象,它是一个 DefaultTableColumnModel
void createDefaultColumnsFromModel()	使用 TableModel 接口中定义的 getColumnCount 方法根据数据模型创建默认的表列
protected TableModel createDefaultDataModel()	返回默认的表模型对象,它是一个 DefaultTableModel
protected void createDefaultEditors()	为 object、number 和 boolean 值创建默认的单元格编辑器
protected void createDefaultRenderers()	为 object、number、double、date、boolean 和 icon 创建默认的单元格渲染器
protected ListSelectionModel createDefaultSelectionModel()	返回默认的选择模型对象,它是一个 DefaultListSelectionModel
protected JTableHeader createDefaultTableHeader()	返回默认的表标题对象,它是一个 JTableHeader
void doLayout()	使此表布局其行和列
boolean editCellAt(int row, int column)	如果 row 和 column 位置的索引在有效范围内,并且这些索引处的单元格是可编辑的,则以编程方式启动该位置单元格的编辑
boolean editCellAt(int row, int column, EventObject e)	如果 row 和 column 位置的索引在有效范围内,并且这些索引处的单元格是可编辑的,则以编程方式启动该位置单元格的编辑
void editingCanceled(ChangeEvent e)	编辑取消时调用
void editingStopped(ChangeEvent e)	编辑结束时调用
AccessibleContext getAccessibleContext()	获取与此 JTable 关联的 AccessibleContext
boolean getAutoCreateColumnsFromModel()	确定表是否要根据模型创建默认的列
boolean getAutoCreateRowSorter()	如果每当模型更改时,都应该创建一个新 RowSorter 并作为该表的排序器安装,则返回 true;否则,返回 false
int getAutoResizeMode()	返回表的自动调整模式
TableCellEditor getCellEditor()	返回活动单元格编辑器;如果该表当前没有被编辑,则返回 null
TableCellEditor getCellEditor(int row, int column)	返回适用于由 row 和 column 所指定单元格的编辑器
Rectangle getCellRect(int row, int column, boolean includeSpacing)	返回位于 row 和 column 相交位置的单元格矩形
TableCellRenderer getCellRenderer(int row, int column)	返回适于由此行和列所指定单元格的渲染器
boolean getCellSelectionEnabled()	如果同时启用了行选择模型和列选择模型,则返回 true

续表

方　　法	功　　能
TableColumn getColumn(Object identifier)	返回表中列的 TableColumn 对象，当使用 equals 进行比较时，表的标识符等于 identifier
Class<?> getColumnClass(int column)	返回出现在视图中 column 列位置处的列类型
int getColumnCount()	返回列模型中的列数
TableColumnModel getColumnModel()	返回包含此表所有列信息的 TableColumnModel
String getColumnName(int column)	返回出现在视图中 column 列位置处的列名称
boolean getColumnSelectionAllowed()	如果可以选择列，则返回 true
TableCellEditor getDefaultEditor(Class<?> columnClass)	尚未在 TableColumn 中设置编辑器时，返回要使用的编辑器
TableCellRenderer getDefaultRenderer(Class<?> columnClass)	尚未在 TableColumn 中设置渲染器时，返回要使用的单元格渲染器
boolean getDragEnabled()	返回是否启用自动拖动处理
JTable.DropLocation getDropLocation()	返回对组件的 DnD 操作期间此组件应该可见地指示为放置位置的位置；如果当前没有显示任何位置，则返回 null
DropMode getDropMode()	返回此组件的放置模式
int getEditingColumn()	返回包含当前被编辑的单元格的列索引
int getEditingRow()	返回包含当前被编辑的单元格的行索引
Component getEditorComponent()	返回处理编辑会话的组件
boolean getFillsViewportHeight()	返回此表是否始终大到足以填充封闭视口的高度
Color getGridColor()	返回用来绘制网格线的颜色
Dimension getIntercellSpacing()	返回单元格之间的水平间距和垂直间距
TableModel getModel()	返回提供此 JTable 所显示数据的 TableModel
Dimension getPreferredScrollableViewportSize()	返回此表视口的首选大小
Printable getPrintable(JTable.PrintMode printMode, MessageFormat headerFormat, MessageFormat footerFormat)	返回打印此 JTable 所使用的 Printable
int getRowCount()	返回 JTable 中可以显示的行数(给定无限空间)
int getRowHeight()	返回表的行高，以像素为单位
int getRowHeight(int row)	返回 row 中单元格的高度，以像素为单位
int getRowMargin()	获取单元格之间的间距，以像素为单位
boolean getRowSelectionAllowed()	如果可以选择行，则返回 true
RowSorter<? extends TableModel> getRowSorter()	返回负责排序的对象
int getScrollableBlockIncrement(Rectangle visibleRect, int orientation, int direction)	返回 visibleRect.height 或 visibleRect.width，这取决于此表的方向
boolean getScrollableTracksViewportHeight()	返回 false 表示表的高度不是由视口的高度决定的，除非 getFillsViewportHeight 为 true 并且该表的首选高度小于视口的高度

方　法	功　能
boolean getScrollableTracksViewportWidth()	如果 autoResizeMode 设置为 AUTO_RESIZE_OFF，则返回 false，这指示表的宽度不是由视口的宽度决定的
int getScrollableUnitIncrement(Rectangle visibleRect, int orientation, int direction)	返回完全呈现出一个新行或新列(取决于方向)的滚动增量(以像素为单位)
int getSelectedColumn()	返回第一个选定列的索引；如果没有选定的列，则返回-1
int getSelectedColumnCount()	返回选定列数
int[] getSelectedColumns()	返回所有选定列的索引
int getSelectedRow()	返回第一个选定行的索引；如果没有选定的行，则返回-1
int getSelectedRowCount()	返回选定行数
int[] getSelectedRows()	返回所有选定行的索引
Color getSelectionBackground()	返回选定单元格的背景色
Color getSelectionForeground()	返回选定单元格的前景色
ListSelectionModel getSelectionModel()	返回用来维持选择状态的 ListSelectionModel
boolean getShowHorizontalLines()	如果表绘制单元格之间的水平线，则返回 true，否则返回 false
boolean getShowVerticalLines()	如果表绘制单元格之间的垂直线，则返回 true，否则返回 false
boolean getSurrendersFocusOnKeystroke()	如果在键击导致编辑器被激活时编辑器应该获得焦点，则返回 true
JTableHeader getTableHeader()	返回此 JTable 所使用的 tableHeader
String getToolTipText(MouseEvent event)	重写 JComponent 的 getToolTipText 方法，从而允许使用渲染器的提示(如果设置了文本)
TableUI getUI()	返回显示此组件的 L&F 对象
String getUIClassID()	返回用于构造显示此组件时所用 L&F 类名称的后缀
boolean getUpdateSelectionOnSort()	如果排序后应该更新选择，则返回 true
Object getValueAt(int row, int column)	返回 row 和 column 位置的单元格值
protected void initializeLocalVars()	将表的属性初始化为其默认值
boolean isCellEditable(int row, int column)	如果 row 和 column 位置的单元格是可编辑的，则返回 true
boolean isCellSelected(int row, int column)	如果指定的索引位于行和列的有效范围内，并且位于该指定位置的单元格被选定，则返回 true
boolean isColumnSelected(int column)	如果指定的索引位于列的有效范围内，并且位于该索引的列被选定，则返回 true
boolean isEditing()	如果正在编辑单元格，则返回 true

续表

方　法	功　能
boolean isRowSelected(int row)	如果指定的索引位于行的有效范围内,并且位于该索引的行被选定,则返回 true
void moveColumn(int column, int targetColumn)	将视图中的 column 列移动到当前被 targetColumn 列所占用的位置
protected String paramString()	返回此表的字符串表示形式
Component prepareEditor(TableCellEditor editor, int row, int column)	通过查询 row、column 处单元格值的数据模型和单元格选择状态来准备编辑器
Component prepareRenderer(TableCellRenderer renderer, int row, int column)	通过查询 row、column 处单元格值的数据模型和单元格选择状态来准备渲染器
boolean print()	一个便捷的方法,它显示一个打印对话框,然后以 PrintMode.FIT_WIDTH 模式打印此 JTable,不打印标题或脚注文本
boolean print(JTable.PrintMode printMode)	一个便捷的方法,它显示一个打印对话框,然后以给定的打印模式打印此 JTable,不打印标题或脚注文本
boolean print(JTable.PrintMode printMode, MessageFormat headerFormat, MessageFormat footerFormat)	一个便捷的方法,它显示一个打印对话框,然后以给定的打印模式打印此 JTable,打印指定的标题和脚注文本
boolean print(JTable.PrintMode printMode, MessageFormat headerFormat, MessageFormat footerFormat, boolean showPrintDialog, PrintRequestAttributeSet attr, boolean interactive)	根据完全功能的 print 方法指定打印表,指定默认打印机为打印服务
boolean print(JTable.PrintMode printMode, MessageFormat headerFormat, MessageFormat footerFormat, boolean showPrintDialog, PrintRequestAttributeSet attr, boolean interactive, PrintService service)	打印此 JTable
protected boolean processKeyBinding(KeyStroke ks, KeyEvent e, int condition, boolean pressed)	由于发生 KeyEvent e 而调用此方法处理 ks 的键绑定
void removeColumn(TableColumn aColumn)	从此 JTable 的列数组中移除 aColumn
void removeColumnSelectionInterval (int index0, int index1)	取消选中从 index0 到 index1 之间(包含两端)的列
void removeEditor()	丢弃编辑器对象并释放它用于单元格显示的资源
void removeNotify()	调用 unconfigureEnclosingScrollPane 方法
void removeRowSelectionInterval (int index0, int index1)	取消选中从 index0 到 index1 之间(包含两端)的行
protected void resizeAndRepaint()	等效于先调用 revalidate 再调用 repaint

方 法	功 能
int rowAtPoint(Point point)	返回 point 所在的行索引；如果结果不在 [0, getRowCount()-1] 范围内，则返回-1
void selectAll()	选择表中的所有行、列和单元格
void setAutoCreateColumnsFromModel (boolean autoCreateColumnsFromModel)	设置此表的 autoCreateColumns FromModel 标志
void setAutoCreateRowSorter (boolean autoCreateRowSorter)	指定其模型更改时是否应该为表创建一个 RowSorter
void setAutoResizeMode(int mode)	当调整表的大小时，设置表的自动调整模式
void setCellEditor(TableCellEditor anEditor)	设置活动单元格编辑器
void setCellSelectionEnabled (boolean cellSelectionEnabled)	设置此表是否允许同时存在行选择和列选择
void setColumnModel (TableColumnModel columnModel)	将此表的列模型设置为 newModel，并向其注册以获取来自新数据模型的监听器通知
void setColumnSelectionAllowed (boolean columnSelectionAllowed)	设置是否可以选择此模型中的列
void setColumnSelectionInterval(int index0, int index1)	选择从 index0 到 index1 之间(包含两端)的列
void setDefaultEditor(Class<?> columnClass, TableCellEditor editor)	如果尚未在 TableColumn 中设置编辑器，则设置要使用的默认单元格编辑器
void setDefaultRenderer (Class<?> columnClass, TableCellRenderer renderer)	如果没有在 TableColumn 中设置渲染器，则设置要使用的默认单元格渲染器
void setDragEnabled(boolean b)	打开或关闭自动拖动处理
void setDropMode(DropMode dropMode)	设置此组件的放置模式
void setEditingColumn(int aColumn)	设置 editingColumn 变量
void setEditingRow(int aRow)	设置 editingRow 变量
void setFillsViewportHeight (boolean fillsViewportHeight)	设置此表是否始终大到足以填充封闭视口的高度
void setGridColor(Color gridColor)	将用来绘制网格线的颜色设置为 gridColor 并重新显示它
void setIntercellSpacing(Dimension intercellSpacing)	将 rowMargin 和 columnMargin(单元格之间间距的高度和宽度)设置为 intercellSpacing
void setModel(TableModel dataModel)	将此表的数据模型设置为 newModel，并向其注册以获取来自新数据模型的监听器通知
void setPreferredScrollableViewportSize (Dimension size)	设置此表视口的首选大小
void setRowHeight(int rowHeight)	将所有单元格的高度设置为 rowHeight(以像素为单位)，重新验证并重新绘制它
void setRowHeight(int row, int rowHeight)	将 row 的高度设置为 rowHeight，重新验证并重新绘制它

续表

方　法	功　能
void setRowMargin(int rowMargin)	设置相邻行中单元格之间的间距
void setRowSelectionAllowed (boolean rowSelectionAllowed)	设置是否可以选择此模型中的行
void setRowSelectionInterval(int index0, int index1)	选择从 index0 到 index1 之间(包含两端)的行
void SetRowSorter(RowSorter<?extends TableModel> sorter)	设置 RowSorter
void setSelectionBackground (Color selectionBackground)	设置选定单元格的背景色
void setSelectionForeground (Color selectionForeground)	设置选定单元格的前景色
void setSelectionMode(int selectionMode)	将表的选择模式设置为只允许单个选择、单个连续间隔选择或多间隔选择
void setSelectionModel(ListSelectionModel newModel)	将此表的行选择模型设置为 newModel，并向其注册以获取来自新数据模型的监听器通知
void setShowGrid(boolean showGrid)	设置表是否绘制单元格周围的网格线
void setShowHorizontalLines (boolean showHorizontalLines)	设置表是否绘制单元格之间的水平线
void setShowVerticalLines(boolean showVerticalLines)	设置表是否绘制单元格之间的垂直线
void setSurrendersFocusOnKeystroke (boolean surrendersFocusOnKeystroke)	设置由于 JTable 为某个单元格转发键盘事件而导致编辑器被激活时，此 JTable 中的编辑器是否获得键盘焦点
void setTableHeader(JTableHeader tableHeader)	将此 JTable 所使用的 tableHeader 设置为 newHeader
void setUI(TableUI ui)	设置呈现此组件并进行重新绘制的 L&F 对象
void setUpdateSelectionOnSort(boolean update)	指定排序后是否应该更新选择
void setValueAt(Object aValue, int row, int column)	设置表模型中 row 和 column 位置的单元格值
void sorterChanged(RowSorterEvent e)	RowSorter 以某种方式发生了更改的 RowSorterListener 通知
void tableChanged(TableModelEvent e)	当此表的 TableModel 生成 TableModelEvent 时调用
protected void unconfigureEnclosingScrollPane()	通过将封闭滚动窗格的 columnHeaderView 替换为 null，可以起到 configureEnclosingScrollPane 的相反作用
void updateUI() UIManager	发出的表明 L&F 已经更改的通知
void valueChanged(ListSelectionEvent e)	行选择更改时调用，重新绘制来显示新的选择

11.3.3　实践操作：开发 SQL 小工具

1. 实施思路

01 通过对话框输入数据源、用户名、密码，连接数据库；

02 通过对话框输入 SQL 语句，单击按钮执行；

03 通过 ResultSetMetaData 获取记录集的列数、列名、数据类型；

04 通过 JTable 表格显示数据。

2. 程序代码

(1) 主窗口实现代码

```
import javax.swing.*;
import java.awt.*;
import java.awt.event.*;
import javax.swing.event.*;
import java.sql.*;

class SQLFrame extends JFrame implements ActionListener {
    JLabel m_labelDSN;
    JLabel m_labelUSR;
    JLabel m_labelPWD;

    JTextField m_txtDSN;
    JTextField m_txtUSR;
    JTextField m_txtPWD;

    JButton m_btnConnect;
    JButton m_btnDisconnect;
    JButton m_btnSelectSQL;
    JButton m_btnUpdateSQL;

    Connection m_dbConnection = null;

    SQLFrame() {
        setTitle("SQL 小工具");
        setSize(200, 400);
        setVisible(true);

        m_btnConnect = new JButton("连接");
        m_btnDisconnect = new JButton("断开");
        m_btnSelectSQL = new JButton("SQL 查询");
        m_btnUpdateSQL = new JButton("SQL 更新");

        m_btnConnect.addActionListener(this);
        m_btnDisconnect.addActionListener(this);
        m_btnSelectSQL.addActionListener(this);
        m_btnUpdateSQL.addActionListener(this);

        m_labelDSN = new JLabel("数据源名");
        m_labelUSR = new JLabel("用户名");
        m_labelPWD = new JLabel("口令");

        m_txtDSN = new JTextField("dbdemo", 20);
        m_txtUSR = new JTextField("admin", 16);
        m_txtPWD = new JTextField("", 12);

        Container con = getContentPane();
        con.setLayout(new FlowLayout());

        con.add(m_labelDSN);
        con.add(m_txtDSN);
```

```
        con.add(m_labelUSR);
        con.add(m_txtUSR);

        con.add(m_labelPWD);
        con.add(m_txtPWD);

        con.add(m_btnConnect);
        con.add(m_btnDisconnect);

        con.add(m_btnSelectSQL);
        con.add(m_btnUpdateSQL);

        setButtonState();

        addWindowListener(new WindowAdapter() {
            public void windowClosing(WindowEvent e) {
                disconnectDSN();
                System.exit(0);
            }
        });
    }

    //连接数据源
    void connectDSN() {
        try {
            String sDSN = m_txtDSN.getText().trim();
            String sUser = m_txtUSR.getText().trim();
            String sPWD = m_txtPW  D.getText().trim();

            m_dbConnection = DriverManager.getConnection(sDSN, sUser, sPWD);
        } catch (SQLException e) {
            m_dbConnection = null;
        }
    }

    //断开连接
    void disconnectDSN() {
        try {
            m_dbConnection.close();
        } catch (SQLException e) {
        } finally {
            m_dbConnection = null;
        }
    }

    void setButtonState() {
        if (m_dbConnection == null) {
            m_btnConnect.setEnabled(true);
            m_btnDisconnect.setEnabled(false);
            m_btnSelectSQL.setEnabled(false);
            m_btnUpdateSQL.setEnabled(false);
        } else {
            m_btnConnect.setEnabled(false);
            m_btnDisconnect.setEnabled(true);
            m_btnSelectSQL.setEnabled(true);
            m_btnUpdateSQL.setEnabled(true);
        }
    }
```

```java
public void actionPerformed(ActionEvent event) {
    Object src = event.getSource();

    if (src == m_btnConnect) {
        connectDSN();
        setButtonState();
    } else if (src == m_btnDisconnect) {
        disconnectDSN();
        setButtonState();
    } else if (src == m_btnSelectSQL) {
        new SelectSQL(this, m_dbConnection);
    } else if (src == m_btnUpdateSQL) {
        new UpdateSQL(this, m_dbConnection);
    }
}
}
```

(2)　继承 JTable，实现自己的表格类

```java
class OwnTable extends JTable {
    ResultSet m_rsData;

    OwnTable() {
        super();
    }

    public OwnTable(Object[][] rowData, Object[] columnNames, ResultSet
                    rsData) {
        super(rowData, columnNames);
        m_rsData = rsData;
    }
```

(3)　用于显示查询结果的对话框

```java
//返回数据对话框
class DataTable extends JDialog {
    OwnTable m_table;

    DataTable(Dialog owner, ResultSet rs) {
        try {
            rs.absolute(-1);
            int nRows = rs.getRow();

            ResultSetMetaData meta = rs.getMetaData();
            int nCols = meta.getColumnCount();

            if (nCols > 0) {
                setTitle(meta.getTableName(1));

                Object[][] rowData = new Object[nRows][nCols];
                Object[] columnNames = new Object[nCols];

                for (int j = 0; j < nCols; j++) {
                    columnNames[j] = meta.getColumnName(j + 1);
                }

                for (int i = 0; i < nRows; i++) {
                    rs.absolute(i + 1);
                    for (int j = 0; j < nCols; j++) {
                        rowData[i][j] = rs.getObject(j + 1);
                    }
```

```
            }
            Container con = getContentPane();
            m_table = new OwnTable(rowData, columnNames, rs);
            JScrollPane scrollpane = new JScrollPane(m_table);
            con.add(scrollpane, BorderLayout.CENTER);
        }
    } catch (SQLException e) {
    }

        setModal(false);
        pack();
        setVisible(true);
    }
}
```

(4) 输入和执行 SELECT 语句的对话框

```
//输入 SELECT 语句对话框
class SelectSQL extends JDialog implements ActionListener {
    Connection m_dbConnection;
    JButton m_btnExec;
    JLabel m_labelSQL;
    JTextField m_txtSQL;

    SelectSQL(Frame owner, Connection dbConnection) {
        super(owner);
        m_dbConnection = dbConnection;

        m_btnExec = new JButton("执行");
        m_btnExec.addActionListener(this);

        m_labelSQL = new JLabel("SELECT 语句");
        m_txtSQL = new JTextField("SELECT * FROM ", 32);

        Container con = getContentPane();
        con.setLayout(new FlowLayout());

        con.add(m_labelSQL);
        con.add(m_txtSQL);
        con.add(m_btnExec);

        setTitle("请输入 SELECT SQL 语句");

        setModal(false);
        pack();
        setVisible(true);
    }

    void getData() {
        try {
            Statement statement = m_dbConnection.createStatement(
                    ResultSet.TYPE_SCROLL_INSENSITIVE,
                    ResultSet.CONCUR_UPDATABLE);
            String sqlSelect = m_txtSQL.getText().trim();
            ResultSet rs = statement.executeQuery(sqlSelect);

            new DataTable(this, rs);
        } catch (SQLException e) {
        }
```

```
    }

    public void actionPerformed(ActionEvent event) {
        Object src = event.getSource();

        if (src == m_btnExec) {
            getData();
        }
    }
}
```

(5)　输入和执行 UPDATE、DELETE、INSERT 语句的对话框

```
//输入 UPDATE 类语句对话框
class UpdateSQL extends JDialog implements ActionListener {
    Connection m_dbConnection;
    JButton m_btnExec;
    JLabel m_labelSQL;
    JTextField m_txtSQL;

    UpdateSQL(Frame owner, Connection dbConnection) {
        super(owner);
        m_dbConnection = dbConnection;

        m_btnExec = new JButton("执行");
        m_btnExec.addActionListener(this);

        m_labelSQL = new JLabel("UPDATE 类语句");
        m_txtSQL = new JTextField("UPDATE ", 32);

        Container con = getContentPane();
        con.setLayout(new FlowLayout());

        con.add(m_labelSQL);
        con.add(m_txtSQL);
        con.add(m_btnExec);

        setTitle("请输入 UPDATE 类 SQL 语句");

        setModal(false);
        pack();
        setVisible(true);
    }

    void updateData() {
        try {
            Statement statement = m_dbConnection.createStatement();

            String sqlUpdate = m_txtSQL.getText().trim();
            statement.executeUpdate(sqlUpdate);

            statement.close();
        } catch (SQLException e) {
        }
    }

    public void actionPerformed(ActionEvent event) {
        Object src = event.getSource();

        if (src == m_btnExec) {
```

```
                    updateData();
            }
        }
    }
```

(6) 主类代码

```java
public class SQLQueryTool {
    static private String sDBDriver = "oracle.jdbc.driver.OracleDriver";

    public static void main(String[] args) {
        try {
            Class.forName(sDBDriver);

            SQLFrame win = new SQLFrame();
            win.pack();
        } catch (ClassNotFoundException e) {
        }
    }
}
```

巩固训练：编写一个通讯录功能模块

1. 实训目的

◎ 掌握 JDBC 的工作原理；
◎ 掌握 JDBC 纯 Java 驱动方式；
◎ 掌握如何使用 JDBC 获取数据库连接；
◎ 掌握运用 JDBC 对数据进行增、删、改、查。

2. 实训内容

编写一个通讯录功能模块，在该模块中包括用户的注册、密码的更新、用户的注销(即删除)、联系方式修改和查询。

Contacts 数据表结构如表 11-3-4 所示。

表 11-3-4　Contacts 数据表结构

字段名	数据类型	是否允许为空	备　注
id	int	not null	主键，标识列，表示用户 ID
name	varchar(50)	not null	用户名
pwd	varchar(20)	not null	用户密码
Phone	varchar(20)	not null	电话号码
Email	varchar(60)	null	Email

──────────── **单元小结** ────────────

JDBC(Java DataBase Connectivity, Java 数据库连接)是一种用于执行 SQL 语句的 JavaAPI, 可以为多种关系数据库提供统一访问，它由一组用 Java 语言编写的类和接口组成。JDBC 为开发人员提供了一标准的 API, 据此可以构建更高级的工具和接口，使数据库开发人员能够用纯 Java 的 API 编写数据库应用程序。

JDBC 由两部分组成，第一部分是供程序员调用的 API，另一部分是需要数据库厂商实现的 SPI(Service Provider Interface，数据库厂商需要实现的接口)，也就是驱动程序。对于 Java 程序员来说，是不可能知道某种数据库(如 MySQL、SQLServer、Oracle)应该如何调用的，或者需要用其他的技术及语言另外写一个接口程序，非常麻烦。Sun 公司利用 JDBC 技术很好地解决了这个问题，提供了一系列的 Java 接口给数据库厂商，让他们去实现这些接口，实现部分也就是数据库驱动程序。另一方面，JDBC 也为程序员提供了一系列的 JavaAPI 调用接口，只要数据库厂商提供了该数据库的 JDBC 驱动程序，程序员就可以访问数据库了。

本单元着重介绍了如何利用 JDBC 连接数据库，进而对数据库完成基本操作。

────────────── 单元习题 ──────────────

一、选择题

1. 下列不属于 JDBC 编程必需的基本步骤是(　　)。

    A. 加载、注册驱动程序　　　　　　　　B. 建立数据库连接

    C. 执行 SQL 语句　　　　　　　　　　 D. 处理结果

2. 要使用 Java 程序访问数据库，则必须首先与数据库建立连接，在建立连接前，应加载数据库驱动程序，该语句为(　　)。

    A. Class.forName("sun.jdbc.odbc.JdbcOdbcDriver")

    B. DriverManage.getConnection("","","")

    C. Result rs= DriverManage.getConnection("","","").createStatement()

    D. Statement st= DriverManage.getConnection("","","").createStaement()

3. Java 程序与数据库连接后，需要查看某个表中的数据，使用下列哪个语句？(　　)

    A. executeQuery()　　　B. executeUpdate()　　　C executeEdit()　　　　D. executeSelect()

二、填空题

1. _____由数据库厂商提供，是最成熟的 JDBC 驱动程序，所有存取数据库的操作都直接由驱动程序完成，速度快且可跨平台。

2. Java 数据库操作基本流程：_____、_____、_____、_____。

三、简答题

1. 如果需要通过 Java 访问数据库，应选择何种 JDBC 驱动程序？为什么？

2. C/S 和 B/S 程序各有什么优缺点？举例说明你使用过哪些 C/S 和 B/S 程序？

四、编程题

编写学生信息管理程序，允许增、删、查、改学生的班级、个人信息、课程成绩等数据。

参 考 文 献

[1] 古凌岚，张婵，罗佳等. Java 系统化项目开发教程[M]. 北京：人民邮电出版社，2018.2

[2] 籍慧文. Web 应用开发中 JAVA 编程语言的应用探讨[J]. 科技创新与应用，2017,07:90.

[3] 卜令瑞. 基于 Java 软件项目开发岗位的企业实践总结报告[J]. 职业，2016,32:124-125.

[4] 肖成金，吕冬梅. Java 程序开发数据库与框架应用[J]. 科技展望，2017,05:19.

[5] 王宏玉，徐步步. 基于 Java 的 BBS 开发[J]. 电脑知识与技术，2016,28:81-82.

[6] 生力军. 基于 JavaServlet 的微信公众平台开发实训环境搭建[J]. 电脑知识与技术，2017,01:79-81.

[7] 周中雨，李洋，杨程屹，王怀超. 基于 Java 注解的 Drools 业务规则开发框架设计实现[J]. 电子测试，2017,06:63-65.

[8] 朱燕云，王雅芳，禹志江，曹玲. 基于 Java 实现天然气水露点与水含量换算的软件开发[J]. 山东化工，2016,23:152-156.

[9] 聂称心，杜月莹，吉璇. 基于 Java 的网络版 JQ 开发心得[J]. 科技，2016,12:70.

[10] 王浩. 提高 Java 开发数据库效率的技巧[J]. 信息与电脑(理论版)，2016,19:155-156.

[11] 苏冬娜，高俊涛. 基于软件安全开发的 JAVA 编程语言研究[J]. 网络安全技术与应用，2017,01:48-49.

[12] 马芳. 一种网络数据采集的 JAVA 数据库系统管理开发研究[J]. 信息系统工程，2016,12:18.

[13] 黄蕾，陶锐. 开放式 Java 可视化教学系统的开发和实现[J]. 电脑知识与技术，2016,35:71-72.

[14] 蒋雯雯. Java 信息管理系统开发模式设计[J]. 中国管理信息化，2017,03:143-144.11.